普通高等学校广播影视类"十三五"规划教材

实用化妆造型展示

SHIYONG HUAZHUANG
ZAOXING ZHANSHI

安 静	万 艳	王雪梅	主 编
苏 黎	陆 薇	龙继祥	副主编
郝雯婧 江 莹	黄瑞丹	吕小贵	参 编
		许志强	主 审

中国铁道出版社
CHINA RAILWAY PUBLISHING HOUSE

内容简介

本书分为七章,细致新颖地阐述了化妆造型的基础知识和造型技巧。第一章简述美的概念;第二章讲述化妆基础知识;第三章讲述化妆造型工具;第四章讲述美容化妆与造型;第五章讲述职业化妆与造型;第六章讲述影楼化妆与造型;第七章为美容宝典,以轻松、活泼的语言提供读者实用的化妆技巧。

本书密切联系审美学、艺术学、色彩学、骨骼与形态、比例与搭配等学科知识,利用全方位、综合性的表现技法,从实用的化妆造型实际需求出发撰写,并辅以大量的、鲜活的造型实例,讲述不同场合、不同需求、不同体型、不同特征条件下化妆造型的塑造,力求给读者带来新鲜的阅读体验和思考提示。

本书适合作为普通高等学校化妆、播音主持、表演、空乘服务、影视等专业的教材,也可供广大化妆造型爱好者与从业人员学习与使用。

图书在版编目(CIP)数据

实用化妆造型展示/安静,万艳,王雪梅主编. —北京:
中国铁道出版社,2016.1(2016.9重印)
普通高等学校广播影视类"十三五"规划教材
ISBN 978-7-113-21203-2

Ⅰ.①实… Ⅱ.①安… ②万… ③王… Ⅲ.①化妆—
造型设计—高等学校—教材 Ⅳ.①TS974.1

中国版本图书馆 CIP 数据核字(2016)第 005863 号

书　　名:	普通高等学校广播影视类"十三五"规划教材 **实用化妆造型展示**
作　　者:	安　静　万　艳　王雪梅　主　编

策　　划:陈士剑　　　　　　**读者热线:**(010)63550836
责任编辑:邢斯思
封面设计:安　静　王雪梅
封面制作:白　雪
责任校对:王　杰
责任印制:郭向伟

出版发行:中国铁道出版社(100054,北京市西城区右安门西街8号)
网　　址:http://www.51eds.com
印　　刷:北京铭成印刷有限公司
版　　次:2016年1月第1版　2016年9月第3次印刷
开　　本:787 mm×1 092 mm　1/16　**印张:**9.25　**字数:**160 千
书　　号:ISBN 978-7-113-21203-2
定　　价:46.00 元

前　言

　　化妆,总的来说是一种视觉艺术。她是在人的自然相貌和整体形象的基础上,运用艺术表现的手法,弥补人们形象的缺陷,增添真实自然的美感,或营造出不同风格、不同创意的整体艺术形象。

　　化妆,是指运用化妆品和工具,采取合乎规则的步骤和技巧,对人体的面部、五官及其他部位进行渲染、描画和整理,增强立体印象,调整形色,掩饰缺陷,表现神采,从而达到美化视觉感受的技艺。化妆能改善人物原有的"形""色""质",增添美感和魅力;化妆作为一种艺术形式,能呈现一场视觉盛宴,表达一种感受。

　　艺术源于生活并高于生活,要学会从生活中汲取营养并延用到创意设计中。每个人都用自己的方式去演绎不同的美,用不同的心态来欣赏不同的美。必须深刻地观察和体验生活,捕捉时尚讯息,丰富创作灵感。只有融入和热爱生活,才能够培养自己对形象的感受能力和创造能力,创造出富有感染力和生命力的妆容与造型。

　　化妆造型是从脸型与五官比例等化妆造型的基础知识入手,化妆与色彩搭配,化妆与性格、环境、年龄、服饰等方面结合,是一门综合的形象设计艺术,它不仅要求化妆造型师必须具备专业技术实力、独到的审美眼光、丰富的艺术内涵和较高的文化修养,还要具备强烈的思维感知能力和创造性的设计表现能力,才能创造出有生命力、延展力和富有内涵的作品。化妆造型师犹如美的使者,通过神奇的化妆造型手法把普通人幻化成美轮美奂的人间精灵,给人们带来惊喜、愉悦和自信。

　　本书共分为七章,第一章简述美的概念;第二章讲述化妆基础知识;第三章讲述化妆造型工具;第四章讲述美容化妆与造型;第五章讲述职业化妆与造型;第六章讲述影楼化妆与造型;第七章为美容宝典,以轻松、活泼的语言为读者提供实用的化妆技巧。本书细致新颖地阐述了化妆造型的基础知识和造型技巧,巧妙运用专业知识,利用全方位、综合性的表现技法,从实用的化妆造型实际需求出发撰写。本书密切联系审美学、艺术学、色彩学、骨骼与形态、比例与搭配等学科知识,并辅以大量的、鲜活的造型实例,讲述不同场合、不同需求、不同体型、不同特征条件下化妆造型的塑造,力求给读者带来新鲜的阅读体验和思考提示。本书适合作为普通高等学校化妆、播音主持、表演、空乘服务、影视等专业的教材,也可供广大化妆造型爱好者与从业人员学习与使用。

　　本书由安静、万艳、王雪梅任主编,苏黎、陆薇、龙继祥任副主编,郝雯婧、江莹、黄瑞丹、吕小贵参编。具体编写分工如下:王雪梅、龙继祥负责全书的框架、协调、统稿,王雪梅、万艳撰写前言,陆薇、郝雯婧、王雪梅编写第一章,安静、万艳编写第二章,黄瑞丹编写第三章,江莹编写第四章,苏黎、黄瑞丹编写第五章,吕小贵编写第六章,王雪梅、郝雯婧、安静编写第七章。许志强主审,并对全书的框架和内容提出了许多建设性意见。本书模特由李莉、陈翠云、刘光玲、庞福园、张友昱、刘曙君、王淑钧、张慧洁、邓艾佳、王倩担任。本书化妆造型师由苏黎、黄瑞丹、邓正燕、金思岑担任。本书摄影师由肖仁丽担任。

在本书的编写过程中,得到了四川传媒学院的大力支持和帮助,还参考了不少学界同仁的研究成果。对此,编写组十分感激。

由于编者水平有限,书中难免有不足之处,恳请各位领导、专家学者和广大读者批评指正。

编　者

2015 年 12 月

目　录

第 1 章

绪 论

1.1　美与审美

1.1.1　美的概念

　　一直以来,"美是什么?"这一问题因其难以理解而被美学理论专家们避而不谈。美学中"美"的概念有三层含义,第一层含义指的是具体的审美对象,或者说就是"美的东西";第二层含义指的是众多审美对象所具有的特征,主要是形式和形象上表现出来的审美属性;第三层含义指的是美的本质和美的规律。"美"的上述三层美学含义是逐步深化的引伸。我们只有深刻认识和理解"美"的美学含义,才能结合自己的专业特点去完成美学的三大任务:一是促进人生的审美化，这是美学在一定高度上的目标定位；二是帮助人们进行美的评价、美的欣赏和美的创造；三是运用日渐完善的美学理论和美学原理去指导各种审美实践，并提升审美情趣。

美，令人神往，使人陶醉。美是一种抽象的概念，也是一种具体的感受。我们可以对个别感性事物或具体的一样东西作出审美判断，抑或是经验性的描述。但，什么是美？这需要从美意识的起源来研究。

美意识的起源是美学上的一个重要议题。日本学者笠原仲二认为："美源于人的感官的愉悦。"《说文解字》提到，"美，甘也，从羊大"（图1.1）。

图1.1 "美"

在过去，人们普遍认为，羊长得肥大就是美，因为肥大的羊与人的感性有直接关系。首先是美味的直接生理快感，进而使人产生愉悦感、满足感。所以，美是人类情感的凝结物。世间一切美的现象或事物，如不能显现人的情感，或在其中不能看到人的情感，抑或不能触动人的情感并随之与其交流、共鸣，那么这一现象或事物就不是美的。换句话说，美实质上是对引起人们美感的客观事物的共同本质属性的概括。

早在《大希庇阿斯篇》里，柏拉图就借苏格拉底与诡辩派学者希庇阿斯的探讨提出了"美是什么"的问题，并对"美"进行了区分，区分开"美本身"（什么是美）和"美的事物"（什么东西是美的）。苏格拉底认为，"什么是美"并不是在问"什么东西是美的"，"美"并不是指"美的事物"，不是使事物显得美的质料或形式，不是某种物质上或精神上的满足，不是恰当、有用、有益等价值,不是由视觉或听觉引起的快感等。我们说"什么东西是美"的前提必须是先对"美"这一概念进行定义,即"什么是美"。我们要理解美的本质或理念,不能仅限于知道什么东西是美的,我们必须回答美本身是什么,为"美之为美"下个定义。据此,柏拉图对"美"提出了以下三种定义,"美是有用的""美是有益的"和"美是视觉和听觉所生的快感",进而提出了"美的效用"这一观点。

1.1.2　美的本质

那么,美的本质是什么呢? 人的需求被满足是美的本质。美是"人对自己的需求被满足时所产生的愉悦反应的反应,即对美感的反应"。它使人满足,产生愉悦的心理,再现艺术的感受,得到美的享受。

古往今来,对于美的本质看法很多,众说纷纭。下面简要介绍几种主要学术观点。

1. 美是绝对理念

哲学家黑格尔曾说:"美就是理念的感性显现。"他与柏拉图都认为,现实世界不是第一性而是第二性的,是由意识派生出来的。这里所谓的意识并不是人的主观意识,而是存在人之外的意识,即理念。这个理念作为万物本源,产生出一切事物。因此,柏拉图和黑格尔将美认为是不依赖于人的主观意识而存在的一种理念。在他们的观念中,只有这样的美的理念才是永恒的、真正的美,而现实生活中美的事物都是由美的理念派生出来的。

但这样美的理念在客观世界中是不存在的,它只是柏拉图和黑格尔的虚构。其实,所谓"美的理念"本来是现实中美的事物在人们头脑中的反映,但他们却颠倒了物质和意识的关系,把人们意识中的概念绝对化、实体化,反过来把它说成是具体事物美的根源。

2. 美是人的意识

我国儒家经典之一《礼记》说:"美恶皆在其心。"我国当代也有人说:"美是人的观念,不是物的属性。人的观念是主观的。""同一个东西,有的人会认为美,有的人却认为不美,甚至于同一个人,他对美的看法在生活过程中也会发生变化,原先认为美的,后来会认为不美;原先认为不美的,后来会认为美。所以美是物在人的主观中的反映,是一种观念。"这种主张认为,美存在于人的意识里,人的主观意识决定事物美抑或不美。美属于人的活动,是一种心灵的力量,而不属于事物本身的客观物理事实。

但这种美的观点完全否认了客观世界存在的,否认美是事物本身具有的特性,认为美是由人的心灵创造出来。它经不住审美实践的检验。马克思告诉我们,事物是客观存在的,人的意识仅仅是客观存在的反映。因此,美的观念是客观事物美的反映,没有现实中美丽的花就不会有花的观念。就如同贝多芬的《命运》、达·芬奇的《蒙娜丽莎》(图 1.2)、曹雪芹的小说《红楼梦》(插图如图 1.3 所示),这样艺术的美是客观存在的,它们并不以某个读者的意识为转移,更不是随意抹杀得了的;同样,罪犯的丑陋也不能以任何吹捧掩盖得了。

图 1.2　达·芬奇的《蒙娜丽莎》

图 1.3　小说《红楼梦》插图

3. 美是事物的自然属性

有些美学家认为美是客观的,在于事物本身,属于事物的自然属性,而不是由人的主观意识所决定。他们把美归结为事物的自然属性,将现实中各种美的事物加以概括,得出美的形式和规律,事物的典型性就是美的本质。凡是具有这些典型性的事物就是美的事物,否则就是不美的事物。

我国长期存在"美是典型"的主张。就如同蔡仪在《新美学》中说:"物的形象是不依赖鉴赏者的人而存在的,物的形象的美也是不依赖于鉴赏者的人而存在的。"这种观念认为,美的本质是事物的典型性,是显著表现着的一般性、规律性和标准性。诚然,很多美的事物确实是广泛的、典型的,但这不能等同于美的本质。典型的事物可能是美的,但也可能是丑的。有美的典型,亦有丑的典型;典型性越强,美者越美,丑者越丑。犹如英雄中的典型,雷锋、刘胡兰、张海迪,他们都很美;而歹徒、贪官等身上都集中体现了犯罪者的本质,所以都是丑恶的典型。这说明,"典型论"在美的观念中运用不通,它忽略了人对客观认识的一面。

4. 美是主客观和社会性的统一

李泽厚将美定义为:"美就是包含着社会发展的本质、规律和理想而有着具体可感形态的现实生活现象,简而言之,美就是蕴藏着真正的社会深度和人生真理的生活形象。美是真理的形象。"总的说来,这种主张认为客观世界是没有美的,只有构成美的因素,这些因素需要经过人意识的制造加工才能成为美。所以美既有客观成分,也有主观成分。举个例子,一朵鲜花拥有鲜艳的色彩、娇嫩的花瓣、精巧的形状和托衬它的绿叶,这些都不能算是美,仅是构成美的各项因素。只有当有人欣赏它的时候,欣赏者将自己的主观意识外放到鲜花上面,意识与鲜花交融起来,这样鲜花才变得美。如果离开人的意识的加工,鲜花就不能称之为美。

不仅如此,美是人类社会的产物,它只对于人和人类社会才有意义。这种观点认为,人类以前无所谓善恶美丑,美是随着人类的社会生活而产生。美在现实生活中饱含社会发展的本质规律,是用感官可以直接感知的具体的社会现象。自然界本身是不存在美的,自然物之所以美,是由于"人化"(图 1.4)的结果,自然通过"人化",就具有社会性,就有美。

图 1.4　人化的自然之美

1.1.3 美的价值

1. 美 vs 人的物质生活和精神生活

人的生活分为物质和精神两种生活。当在满足了最初的生理物质需求之后,人们会逐步向高层次的精神生活需求发展。生活中人不仅需要吃饭穿衣,也需要做有情调的事以求达到精神上的满足。这些生活中所有的需要,都有用,但又并非全实用。例如:柴火煮食,柴火是实用的,因为它对人的物质生活有直接的影响。而欣赏高雅的画作,能培养人高尚的情操,但不能解决人们物质生活上的问题,只能在精神生活方面起作用,这是无形的,所以它是"非实用"的。

"会当凌绝顶,一览众山小"的泰山,她的美,不仅体现在大自然的鬼斧神工,同时也体现在历史与精神的厚重。这样的美,是一种精神的鼓舞,却并非实用的意义。达·芬奇的《蒙娜丽莎》是一种和谐美,画中人物宁静端庄,充满神秘色彩的背景,与人物的微笑交相呼应,"代表了一个时代,闪耀着人文主义思想的光辉"。它的美给人带来的同样也是精神上的感动,并非饥饿时物质上的充饥满足。反之,当人在饥饿时,馒头米饭最有实用价值,却没有任何审美价值。可见,具有实用价值的东西,不一定具有审美价值;而具有审美价值的东西,也不一定具有实用价值。

2. 美 vs 功利

长期以来,研究美的本质,往往离不开功利这一概念。墨子说:"故食必常饱,然后求美;衣必常暖,然后求丽;居必常安,然后求乐。"他认为,先有功利再有美,美与功利密不可分。朴素唯物主义者荀子也主张:"故天之所覆,地之所载,莫不尽其美,致其用。"客观事物之所以美,是因为其功利性。但是,事物的美与不美,却并不是由它的功利性决定的。任何客观事物都是由许多个不同侧面所组成。我们不能因为对事物某一面长处的赞赏而忽视其另一面的不足,即我们不能简单地认为,美的客观性和社会性,就是事物对人的功利关系。

美是以其生动的形象,唤起人的愉悦,感叹其中的妙趣。饥饿时有实用价值的馒头米饭并不是审美的对象。对于馒头米饭,人们所注意到的,不是它的形象,而是它的用途。这是人生理需求的满足,不是精神层面的愉悦,生理需求和自我实现不能混为一谈。同样,作为货币的金银也不是审美的对象,因为人们所重视的仅仅是它的面值,而不是它上面具体生动的图案。所以即使金银作为货币流通对人存在功利关系,但它也不是审美的对象。因此不能简单地认为凡是对人有功利关系的事物,就必然有美学的意义。

3. 现实美 vs 艺术美

现实美,指的是存在于客观自然界与人类社会生活中的美。它根源于实践,是实践最直接真实的表现,是各种艺术生产或艺术美创造得以实现的客观基础和源泉。艺术美的产生是人的意识作用于对象的结果,现实美的感性特征引起了人们的美感。所谓艺术家,他们并不是被动地进行简单复制,而是集中对事物的某一面进行加工、改造及审美创造,并且融入他们对生活的认识和感悟,从而创造出崭新的形象。这样的艺术作品其实是艺术家审美反映和审美创造的物态化形式体现。

艺术美指的是艺术作品中的美。艺术来源于客观现实生活,但它却不等同于生活本身,它是艺术家创造性劳动的产物。毛主席指出:"文艺作品中反映出来的生活却可以而且应该比普通的实际生活更高,更强烈,更有集中性,更典型,更理想,因此就更带普遍性。"(见《毛泽东选集》(第三卷),第861页,人民出版社2009年版)这充分体现了现实美与艺术美的关系。

所以,在探讨美的价值时,我们不能把物质需求和精神需求、实用价值和审美价值混淆起来。美虽然是功用的,但并不是实用的。人们通过各种审美实践,思想感情上得以感染熏陶和潜移默化,美感的功用潜伏在审美的喜悦里,通过审美的喜悦来实现现实美与艺术美的和谐统一(图1.5)。

图1.5　现实美与艺术美的和谐统一

1.1.4　表现美的必要性

美的本质是满足人的需求,这一主题恒久不变,但美的形式却千变万化。国内外艺术家在漫长的艺术道路上不断地探索着美,并以各种美的方式呈现这一进程。美是"人对自己的需求被满足时所产生的愉悦反应的反应"。美的目的是使人满足和产生愉悦的心理,因此,美是对艺术感受的再现,从而使欣赏者得到美的享受。但是,不同艺术家对美的感知和认识存在着不同和差异,美的表现往往会凸显其自身独特的艺术手法,与其实用和价值密切相关。美的直观形象表现出与主体审美理想的适合,这类美的直观形象由于与我们审美理想有着内在同一性,使得我们的心理结构、情感体会很容易与之发生同构共鸣。在不同的历史背景和时代场合下,审美的价值载体以及它对人的审美需要的满足具有不同的特征,代表了各具特色的审美价值。

美的本质永久不变,美的形式千变万化,形式的变化并不是单一的,美需要找寻适合的形式进行表现,美是创造性思维的结果,美的艺术形式是人们心底深处的呐喊和期盼,艺术家渴望运用不同的美的表现手法,延续美的艺术,奉献着无可比拟的优秀的艺术作品。

艺术的历史,就是一个美的演变的历史。历代艺术大师的表现手法各不相同,对美的事物的感受也不尽相同,他们用自己独特的艺术美的见解诠释着自我美的价值的体现,他们从最平淡无奇的表象中,寻找突破口,体现画面和谐自然的美感,升华为美的艺术,对后世产生着巨大的影响。

1. 人物美的表现

人的美是社会美的核心,是自然美的精华,可见人的美是何等的重要,从实际生活中我们可以看出人的美主要包括了人的外在美和内在美。

(1)人的外在美(图1.6)。

人的外在美,主要指人体美,包括相貌、体型和风度地的美。人体美主要通过人体的自然性因素表现出来。人体作为自然对象,比较集中地体现着比例、均衡、对称、和谐等形式美的规律。现实生活中也出现这种情况:单独看一个人的某些部位是匀称和标准的,但从总体上看,此人长相并不美;相反,单独看某一个人的某一部位,并不怎么匀称、标准,但从总体上看,此人长相倒是挺美的。人体美还通过姿态动作表现出来,姿态动作的美是身体各部分的配合而出现的外部形态的美。美的姿态,必须是自由的姿态,东施效颦的故事正是一个很好的例证。

俗话说,"爱美之心,人皆有之"。人们看到鹦鹉的美艳,才会想到用羽毛来做帽子;看到水貂的靓丽,才想到用皮草来做大衣;看到大自然的万紫千红,心中才拥有了缤纷的色彩。人类的爱美之心正是来自对大自然外在美的欣赏和学习。世界上,有谁不爱美?人人都向往美,这里的美大多是指外在美。外在美可以直观把握,带给我们感官上的审美愉悦。

图 1.6　外在美

　　同样,光鲜的外表不仅是追求美的表现,更是对他人的尊重。我们选择穿戴漂亮整洁的衣服、给自己化妆造型、聘请名家设计,这也都是追求美的体现。良好的外在美会给对方一个愿意认识接触的机会,是一切美好事物的开始。所以在生活中,外在美的重要是不可忽视的,否则现在就不会有那么多人选择整容,努力让自己变得更美。

　　当然,风度,也是人体美的一个重要表现。一个人在长期实践中所形成的风采、气度,就是一种风度。风度固然和一个人的思想文化修养有密切关系,但它是通过人体的活动而表现出来的。

　　(2)人的内在美(图 1.7)。

　　外表美固然重要,但是,心灵美更加重要。一个人品德美、智慧美、语言美、行动美一应俱全,才可以算得上是世界上最美的人。虽然外表美,但心灵不美,那算是美吗?外表美是天生的资本,但是内在美却是在后天的生活经历中慢慢磨炼形成的,是指人的品德。单有外表的形象美,而没有内在的品德,这不算完全的美。所以人生除了有外表的形象美之外,必须充实内在的品德美;内外俱美的人生,才可以称为庄严的人生;而庄严的人生,才是快乐、幸福、完美的人生。

图 1.7　戴珍珠耳环的少女

内在美一般指人的心灵和性格。具体讲,内在美是指一个人的品德优秀、才能卓越、气质不俗。研究人的内在美不能只从伦理学的角度出发,而是要全面综合的考虑。

人既然是社会美的核心,人的内在美就应该从整个社会生活中去寻找,社会生活是纷繁复杂的,人在社会生活中要接触处理许多问题,不论是家庭还是工作都会随时表现出他的思想、情感、态度,也就是显示出他的内在力量。

首先,我们人的内在美表现为品德美,也就是说人的思想行为要符合道德规范。一个品德高尚的人是我们生活的楷模,他应该是勤劳勇敢、大公无私、热爱祖国、见义勇为、遵纪守法和维护社会道德秩序的一个人。总之,有品德美的人应该是一个积极乐观、品行端正的人。

其次,才能也是人的内在美的一个重要方面。才能是人认识世界、解决问题的能力,是不容忽视的。如果一个人,什么才能也没有,什么事情也做不好,即使他思想品德不错,性格好,但是力不从心,事与愿违,也不能算是一个具有内在美的人。品德美和才能加在一起方可实现美的行为,例如有些人心地善良,但由于愚昧无知往往害人害己。

德与才在一个人身上不一定是完全统一的,德才兼备当然是一个完美的人,德多才少还比较美,德少才多就不美了。

完美的人应该是既有美德,又有才能。所以我们每个人应该严格要求自己,使自己成为一个德智体美全面发展的人才,这也是 21 世纪对我们每个人的要求。

2. 塑造美

(1)塑造良好的外部形象(图 1.8)。

图 1.8　四大美人图

中国古代传统的美女观认为,容貌美即杏面桃腮、明眸皓齿;身材美即修短适中、细腰雪肤。外形上,中国古代美女的评价在于容貌。笼统的说法就是杏面桃腮、眉清目秀;身材体态修短适中为上,小巧玲珑次之。总之,外部形象必须楚楚动人,这是美女必备的首要条件。

人天生爱美,而人间的许多美丽故事皆因女人而始。历史上的四大美女貂蝉、西施、王昭君和杨贵妃享有"闭月羞花之貌,沉鱼落雁之容"之誉,她们演绎了不同时代的动人故事。

然而,上天给予每个人的是那么有限,不是让每个人都美若天仙。也许是没有一双会说话的眼,也许是天生没有磁性的声音。上天可以给我们制造遗憾,但不能阻挡我们塑造美丽。

我们可以展示独特的自己,尽量做最美好的自己。拥有健康,精神饱满,注意保养,保持身材,优雅的淡妆,再配上得体的服饰。无论是二十岁或是三十岁,甚至四十岁、五十岁,都可以充满活力。一份清新、一份自然、一份优雅,便展示了独具特色的自己,便是人世间一道靓丽的风景线。

(2)展示善良宽容的传统美德(图1.9)。

图1.9　中国传统妇女

在中国传统思想中,女性的教育不仅关系着个人的幸福、子孙的贤良,更对国运昌隆,甚至世界和平有着深远的影响。早在被誉为"不朽之名言"的《女诫》中说"女有四行,一曰妇德,二曰妇言,三曰妇容,四曰妇功。"传统文化认为,妇德、妇言、妇容、妇功,是女子不能缺少的品行。娴静贞节,举止安详,能够谨守节操,有羞耻之心,举止言动都有法度,这就是妇德。而妇容的保持,重点在于整齐干净。着装打扮端庄得体,做到"衣贵洁,不贵华,上循分,下称家",这便是妇容的标准。

可是红颜弹指老,霎那芳华! 能够长存于世的,却是良好的品行和高贵的道德修养。拥有一颗温柔平和而善良的心、拥有乐观向上的人生态度,拥有热爱生活的积极心态。它不像流星眩目,转瞬即逝;它没有昙花美丽,只有一年一次的绽放,而是像河、像诗、像画,历久弥新。她自信善良,宽容平和,亲切友善,为人谦恭,乐于倾听,无私奉献。举手投足间流露出高雅的气质,散发出感人的魅力,一个亲切的笑容,一声温柔的问候,一颗纯真的心灵,都能构成一个美好的美人形象。

(3)完善、娴熟、含润的内在修养。

外表的美,如昙花一现,心灵的美,才经久不衰。一个人只有在生活和工作中,不断提升个人的价值和品位,以人之长补己之短,保持幽默风趣的谈吐,优雅高贵的气质,朴实文明的语言,才能赢得人们长久的赞赏和钦佩。真正的美丽,是自然流露出来的一种气质,是一种大自然的美妙造化和内在修养的积淀与散发,是先天丽质与后天修养完美结合的一种表现;真正的美丽,是一种发自内心的美,是一种由内而外的美,是一种动人心魄的美,而不是矫揉造作的美,浓妆艳抹的美。

人要有内涵,要有气质,要有魅力。魅力就是一种吸引人的力量,是一种感动,一种独特的莫名其妙的喜欢。那么内涵何来? 来自学习、终生学习,这样才不为时代淘汰,不被社会忘记。人首先要学会独立,思想独立,能力独立,经济独立。如果女人只热衷于美容和护肤,得到的只是暂时的美丽,缺失了震撼心灵的内在力量,这种美丽不会长久,每一个人都可以是一道独特的风景线,让世界因你而精彩。

所谓"气质佳",气质美如兰,才华馥比仙。气质就是举手投足之间所体现的一种神态,中国古代非常注重女性的神韵。"顾盼遗光彩,长啸气若兰",令人仰止的神韵并非与生俱来,须仰赖于后天持之以恒的勤学苦练。"腹有诗书气自华",琴棋书画、诗词歌赋都是陶冶气质之道。所以,中国古代的美女,绝大多数同时也都是才女,配得上"年少聪颖,及笄之年,琴棋书画、歌赋音律等已样样精通"等赞美之词。

(4)创造自信自立自强的人格魅力。

自信是一种超脱于外表的美。美丽的外表其实很多人都有,但是这种美丽会随着时间的流逝而消失,但自信不一样,如果拥有自信,不管岁月如何流逝,拥有的美丽都是存在的。自信的美由内而发,是敢于展示自身优点的勇气。好像鲜花一样,无论客观上再好看,要是自己不相信自己的美丽,没有勇气把自己的美开放给世界看,那么别人看到的就只能是一棵普通平凡的小草。

自立就是靠自己的劳动生活,不依赖别人;自强就是不安于现状,勤奋进取,依靠自己的努力不断向上。我们处在一个充满挑战、激烈竞争的时代,要求我们更要具备自立自强的品质。这样的生命才算完美。作为一个人,如果没有自立自强的精神,不能独立地去战胜困难,应付环境所提出的挑战,就无法适应时代的要求,就有可能被社会淘汰。

1.1.5 审美

1. 审美的概念

审美指的是欣赏、品味或领会事物及艺术的美。它是人类认识和理解世界的一种特殊形式,指人与世界(社会和自然)形成一种无功利的、形象的和情感的关系状态。从哲学的角度来看,审美是一种主观的活动,是在理智与情感、主观与客观的具体统一。任何背离真理与发展的审美,是不会得到社会长久普遍赞美的。

审美就是对形象的直觉。直觉是指直接的感受,不是间接的、抽象的和概念的思维;形象是指审美对象在审美主体大脑中所呈现出来的形象,它既是审美对象本身的形状和现象,也要受到审美主体的性格和情趣的影响而发生变化。这就好比同样一朵花,植物学家看到的是它所属的花科;动物学家看到的是花蕊中的寄生虫;艺术学家看到的是它给人带来的愉悦;而环保主义者却会出现光秃秃的没有花朵的植株。这是因为他们所从事的不同职业,会产生不同的直觉,这就是审美体验受审美主体的性格和情趣的影响而发生变化的最佳证据。所以说,审美体验的直觉不是一种盲从,而是一种扎根于审美主体的自身文化、学识、教养的高级"直觉"。

审美体验也是一种心理过程,即移情。审美体验总是从内部开始的,先在身体生理上发生反应,这种从内部产生的感觉会引发情感,而适合这种情感的形式便会产生相应的美感。移情就是设身处地地体会审美对象的心情,将审美主体自己的情感投射到有生气的审美对象中,从而把自身置换到对象中进行体验。在审美或欣赏时,人们把自己的主观感情转移或外射到审美对象身上,然后再对之进行欣赏和体验。例如诗人陶渊明将自己不畏强暴的风格和情感投射到菊花身上,然后再讴歌菊花的高洁和美丽。因此,审美体验是审美主体的全部心理因素的投入,实际上就是艺术家创作活动中的生命意识与心理流变的发展和延宕。

审美的范围极其广泛,包括建筑、音乐、舞蹈、服饰、陶艺、饮食、装饰、绘画等。审美存在于我们生活的各个角落。走在路上,街边的风景需要我们去审美;坐在餐馆,各式菜肴需要我们去审美……当然这些都是浅层次上的审美现象,我们需要审美,研究审美,更应是从高层次上进行探讨,即着重审人性之美。我们要不断叩问自己的心灵,不断提高自己的审美情趣。(图1.10)

图 1.10　审美

2. 美与审美的关系

美存在于审美者的大脑中,美就是美感。美感和丑感一样,都是审美感受。如果美不过是一种感觉,那么被冠名为"美"的事物所具有的能让人感觉到"美"的是什么呢? 是形象,同一个形象有可能激发美感,也有可能激发丑感。

有些人认为美的事物在有些人眼里是丑陋的,有些人认为丑陋的事物在有些人眼里是美丽的。形象激发美感的情况不是永恒的,激发丑感的现象也不是不变的。形象与审美感受的联系不是绝对的。存在于事物身上、名叫"美"的事物是不存在的,人们平常所说的"事物的美"是指激发了美感的形象。

人们之所以看到事物有"美"是由于人们在审美的时候只注意事物的形象,没注意内心产生的美感,当形象伴随美感出现在大脑中时,就觉得这种形象与没有激发美感的形象有所不同,像是多了件名叫"美"的事物。

美感是大脑受到形象的刺激时处于的一种积极状态或产生的某种化学物质,丑感是大脑受到形象的刺激时处于的一种消极状态或产生的某种化学物质。美感与丑感都只出现在大脑内部。

人类并不能命令自己觉得某件事情很美或很丑。人类的基因决定了大脑的结构,决定了一些功能,还可能决定了人类在审美方面的偏好,使人一出生就在审美方面表现出某种倾向。审美观也会影响大脑产生审美感受的过程,如一些以质朴为美的人看不惯花俏的装扮,而一些以花俏为美的人则觉得朴素土气,以此为丑。

审美是完善作为一名社会人的知识结构,培养爱美情感和审美鉴赏能力,以及追求美的精神和按照美的规律进行创造的直觉,从而提升人的精神、提高我们的生活品质。

3. 审美的标准

审美的标准是衡量、评价对象审美价值的相对固定的尺度,是审美意识的组成部分。在审美实践中形成、发展,受一定社会历史条件、文化心理结构和特定对象审美特质制约,既具有主观性和相对性,又具有客观性和普遍性。

人类的审美感受不同于任何一种动物性的感受,这是因为在审美活动中,我们所认识和把握的对象已经不再是原来那个与主体无涉的对象。而美感作为一种"属人的"感觉,其不同于任何"非人的"感觉之处,并不在于人们产生这种感觉时所面对的对象与人产生其他动物性的感觉时面对的对象有什么根本不同,而在于这种感觉的生成并不能看作是对于对象提供的刺激的被动反应。

无论对象在主体出现之前是否曾经经过人类的加工改造,在认识过程中总是同样的。即使是一件由人精心创作的艺术精品,当它以自然的方式存在时,所能够提供给审美主体的也仅仅是一些物理的刺激。

化妆,为悦己者容,愉悦自己,追求优雅;化妆,是一种生活态度,是品位,在丰富完善自己的过程中,悦人悦己。

化妆，是一种生活态度，悦人悦已。

1.2 妆容塑造美

1.2.1 妆容美的重要性

1. 生活的需要

中国古代著名文学家司马迁描写典型的女性行为是"女为悦己者容"（图1.11）。这里的

"容",一作"打扮"解,即"女为悦己者妆";二作动词解,即"长得漂亮"。司马迁这句话说明女人的漂亮是因为有人爱慕。同样,妆容打扮也是出于对人的尊重。尊重是一种美德,一种品质,更是一种美。尊重让人们互敬互爱,尊重让人们团结一致。尊重是互相的,人敬我一尺,我敬人一丈。尊重如芳草上的露珠,纯净无瑕,尊重如黑夜的灯火,为人们带来希望。世上所有美好的情感都源于尊重,尊重是美的源泉。

图1.11 女为悦己者容

女为悦己者容,如今有了更广泛的含义,它是愉悦自己,也是为欣赏自己的人而作的努力。它不再仅仅是装扮,它可以是唱歌,因为自己喜欢,因为有人欣赏而吟唱;它可以是写作,因为需要倾诉,因为有人关注而耕耘;它可以是温柔的语调,因为它是你的特质,也因为有人因此而感到温暖;它可以是一道色、香、味俱全的菜肴,因为做好了自己的本分而欣慰,因为亲友的满足而用心,于是练习唱歌,坚持写作,追求优雅,在丰富完善自己的过程中,悦人悦己。

2. 职场的需要

职场中,我们要干练、有精神,我们的妆容也一样,要干净利落。有人说,职场中的女性注重妆容,也是对社会大众的一种尊重。去约会逛街很多人都会盛装打扮,然而在工作环境中也是需要化妆的。职场化妆的礼仪不只是为了更好地维护自己在单位中的形象,同时也为了对交往对象表示友好和尊重之意,而通过化妆来修饰自己的妆容,美化自我形象,简单地说,化妆就是有意识、有步骤地为自己美容,化妆要做到"淡妆浓抹总相宜",还要注意时间和场合,如图1.12所示。

很多职场要求职员化妆上岗,有助于体现单位的

图1.12 职业装

令行禁止的统一性、纪律性,有利于使其单位形象更为鲜明、更具特色;要求职员化妆上岗,意在向合作的交往对象表示尊重之意,在商务交往中化妆与否,绝非个人私事,而是被交往对象作为一把标尺,来衡量商界人士对其尊重的程度。在对外商务交往中,这一点表现得更为明显。在国外许多地方,参加商务活动而不化妆,就会被交往对象不由分说地理解为蔑视对方,或是一种侮辱。

3. 个人性格的塑造

一个成功人士的魅力不仅仅表现在他的外在,还有他的内在,更多的在于我们性格的塑造。然而通过合适的化妆、恰当的服饰、发型及良好的个人修养、优雅的谈吐可以充分表现个人的魅力。回首过去,时光荏苒,昔日花瓶今日已变庸俗瓦砾,只有个人魅力才会让美丽永驻。纵然风华已过,却风采依旧。正如《罗马假日》中的奥黛丽·赫本因其高贵气质赢得了好莱坞的青睐。多年之后,当已是沧桑老人的赫本身着朴素的衣衫重新出现时,公主的高贵身影并未褪去。她依然美丽动人,甚至每一个皱纹都散发着典雅的魅力,这就是气质。在社会交际日益频繁的当下,积极向上的生活热情、自信快乐的个人魅力都是重要的性格特点,简单的妆容也是塑造自我性格的一种重要的途径。

1.2.2　塑造外在美与内在美

1. 形貌美

形貌美是指人的身材相貌的美,属于静态美。形貌美是自然美与社会美的统一,它是自然界长期进化发展的结果,也是人类社会意识和观念不断发展的结果。大体上讲,人体的形貌是否美,可以从面貌、肌肤、人体各部分的比例与配合、内在活力四个方面来衡量和判断。形貌是人的自然资质,适当的妆容对提高我们的形貌美很有效。图1.13展现的是金陵十二钗的形貌美。

"爱美之心,人皆有之",我们每一个人都希望自己有一个很好的外部形象。一个成功的妆容首先是能发现自身条件中的优势及潜质,然后扬其所长,使其接近完美,当你把自身的优点放大、缺点弱化的时候,你就会发现你的妆容是成功的。

2. 自信美

自信美主要是指人的性格特征的美。性格指对现实的稳定态度及与之相适应的习惯行为方式。性格使人的精神具备了个性的感性特征。

有一个哲人曾经说过:"化妆是使人放弃自卑,与憔悴无缘的一味最好的良药。"化妆在21世纪是一种修养,是对别人的尊重,是提升自己自信的一种方式,也是把自己最美的一面展现给别人。一个精致的妆容和造型可以不露痕迹地改变一个人的形象。自信美的能量是无穷的,自我良好感觉的增强是内心修炼得来的。确定内心自我形象的想法和感受,需要通过合理的方式提高自我认知,同时了解自信美的认知行为模式,学会如何做出改变,然后去挖掘自信美的新内涵。认知行为练习所带来的是内心自我的重塑,有利于建立长久的自信和提升自信美。我们都应该以积极的态度对待自我。

图 1.13　金陵十二钗

3. 气质美

气质，是人类高级神经活动在行为上的体现；是举手投足间的韵味；是魅力施展的最高境界。它远超出人的五官、形体和声音，是一种内在美的外在表现。一个女人徒然有艳丽的外表，气质的匮乏会让美丽随着时光而流逝。

我们越发熟悉到职场礼节和仪容仪表对于一个人的气质和职场魅力的重要性，也让我们意识到自己的私人形象不仅是小我私人问题，着实也是影响自身给他人印象的重要的一部分。正所谓"窥一斑可见全貌"，一个人的气质如何，从其装扮、谈吐等方面可看出，所以说化妆知识对于每个人来说，都很适用，我们只有将今天所学点滴运用于日常生活中，才能够提升个人气质，打造个性魅力。

人美妆容美，青春靓丽，
活力四射

第 2 章

化妆基础知识

2.1 色彩与化妆造型

掌握色彩理论知识，领悟和熟练运用色彩原理及设计知识，在化妆造型设计及制作的过程中，要能学会用色彩塑造形象。化妆造型是一门将艺术与技术高度结合的综合能力，不仅需要熟练、准确的操作性，还应该具备艺术眼光的创造性。

2.1.1 色彩的重要性

在绘画艺术中，色彩作为绘画表现力的重要因素，起到了非常重要的作用。而在化妆造型中,色彩的运用也像在绘画中一样重要,如果色彩搭配适当,就能让化妆造型取得更好的效果。

实验证明,人的视觉器官在观察物体最初的 20 秒内,色彩感觉占到 80%,形体感觉占 20%;2 分钟后,色彩感觉占到 60%,形体感觉占到 40%;5 分钟后,色彩感觉和形体感觉各占一半,这种状态会不断延续。所以说,色彩对人最初的感觉影响是非常重要的。

首先,色彩具备了造型要素中最具有视觉冲击力的表现形式,生动、典型、完整的造型是离不开色彩塑造的重要因素的。色彩和音乐一样,它具备了特有的美感和艺术性,这样的特性让人物化妆造型具备不同的特质和多种多样的定位,色彩不同,定位不同,表现力不同,意义也就不同。而这样的个性体现也就化妆造型的多样化提供了更有力的表现形式。

其次,因为色彩的通感特性,为化妆造型的心里影响提供了像色彩感觉一般的情感色彩。比如,黑色的化妆造型会给人一种庄严、悲哀、沉痛、死亡、枯萎的情感印象;红色就会营造一种喜庆、祝福、激烈、热血、激进的色彩印象……正是因为多姿多彩的色彩情绪,才让化妆造型更具有视觉表现张力,甚至达到了情感共通。

色彩还是身份、地位、目的等众多因素的表现手段。商务礼仪形象设计中遵循 3W 原则,既 When、Where、What,也就是说服装造型搭配要符合时间、场合、目的等最基本的要求,而这三大主题通过视觉冲击力最明显和强烈的色彩就能达到最完整的体现。

所以化妆造型不是孤立表现的,色彩在造型设计的过程中起到了举足轻重的作用。

2.1.2 色彩的基础知识

不同的色彩具备的不同的特征,而这些不同的特征归纳和总结后,形成了对色彩准确的定义,称之为色彩的三属性。

1. 色相

不同色彩的不同相貌,可以理解为不同的颜色拥有不同的名字和不同的样子。不仅包含了人类肉眼可见的色相环中红、橙、黄、绿、青、蓝、紫,还包括了更多细化和完整的色彩。

色相包含了三原色、三间色以及复色。三原色也称之为第一次色,可以调配出其他颜色的最基础色,色光和色料的三原色不同,调和后形成的颜色也不同。图 2.1 所示为三原色及其色相环。

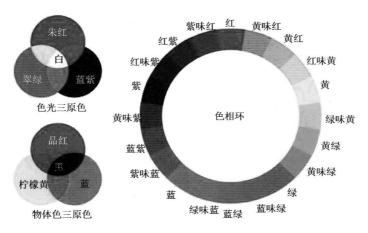

图 2.1　三原色及色相环

2. 明度

明度是指色彩的深浅与明暗程度,可以分为低明度、中明度、高明度。每一种颜色进行从深到浅、从亮到暗的过渡,都可以分解出色彩的明度推移,如图 2.2 和图 2.3 所示。在色相环中,黄色明度最高,而紫色明度最低。

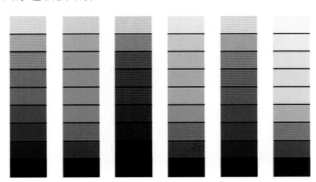

图 2.2　明度推移网格

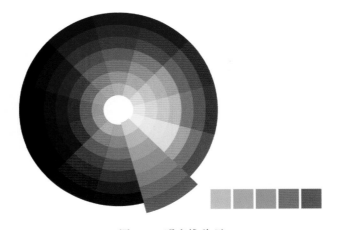

图 2.3　明度推移环

高明度的色彩给人轻盈、年轻、向上的感觉;中明度给人感觉是适中;低明度给人厚重、沉重、成熟的感觉。

3. 纯度

纯度(图 2.4)也称作饱和度、鲜艳度,任何一种纯色都是纯度最高的,当一种纯色加入其他颜色,该纯色纯度会降低,鲜艳程度也会降低。纯度也分为低纯度、中纯度、高纯度。

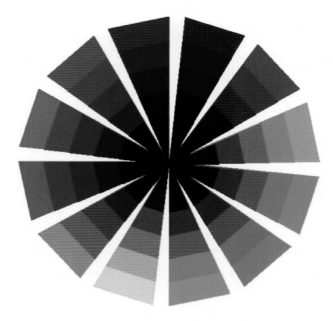

图 2.4 纯度

不同纯度带给人的心理感受也各有不同。低纯度给人的感觉就是比较柔和、低调、素雅;中纯度给人和谐、舒适的感受;高纯度给人的感受是鲜艳强烈、亮丽醒目。颜色越鲜艳纯度越高,反之越低。

色彩通过色彩感觉,一般分为有彩色和无彩色(图 2.5),将心理感受和色彩联系起来分为冷色、暖色和中性色。

图 2.5 无彩色与有彩色

无彩色包含了黑白灰所包含的色彩范围。例如白色，可以带来干净、神圣、明亮、纯洁、清爽、寒冷与和平的心理感受；黑色又会给你带来压抑、权威、神秘、高贵、严肃、沉闷的心理感受；灰色带给人的感受是理性而且沉着的，并且是高雅却不失朴素的，并且灰色在现代社会的建筑、服饰、包装等各个领域都日趋流行，因为这类色调的设计极具现代感。而有彩色包含了除无彩色以外所有具有色彩情感和色彩偏向的色彩。

通过日常生产生活的感觉和感受，将色彩所带给观者不同生理感受和心理感受的色彩分为冷色系、暖色系和中性色系，而这样的分类让色彩对于化妆造型的整体定位有了更明确的方向。

因为暖色主要有色彩中的黄色支配，所以暖色也被称之为 Y 基调，会给你带来暖融融的心理感受。例如橙色，橙色是一个极暖色，会为你带来温暖积极健康的感觉，所以很多公共场合为营造温暖、亲切的感受就会选择橙色、橙黄色等色调来布置。而相对的冷色主要是由蓝色支配，也就称之为 B 基调，正如蓝色给我们的色彩心理感受一样，会让我们感觉沉着冷静，而且因为经验与体会，我们也会将蓝色系的色彩与寒冷和冰冻联系起来，所以作为一个极冷色，蓝色会让我们有距离感和冰冷感。偏蓝的绿色偏冷色，偏黄的绿偏暖色，偏蓝的红是冷色，偏黄的红是暖色。颜色不鲜艳，冷暖色调的倾向也会不明显，所以色彩纯度偏低冷暖倾向就会越不明显。色彩的冷与暖其实并不绝对，色彩的感受和表现都要以对比为基础。图 2.6 所示是色彩的冷暖色系分布。

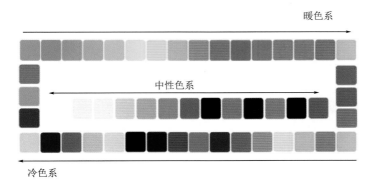

图 2.6　冷暖色

色彩具备了与心理感受和生理反映的共通性，也就具备了色彩的联想和心理影响，而这样的感受时刻影响着生活和工作。

当人们看到某种颜色会产生一定的心理反应，并产生与经验和感受的关联。当看到红色物体时，会产生温暖、温馨的感觉，因为这些温暖、温馨、快乐、勇敢与我们生活中许多红色相连，这就是一种红色色彩符号；而警示灯、一些禁令标志也是红色的醒目警示色彩符号表现。图 2.7 所示为色彩心理属性。

橙色是一个相对明亮的颜色。因为与光的色彩联想，它多表现温暖和幸福，是富裕、健康和美丽的象征。

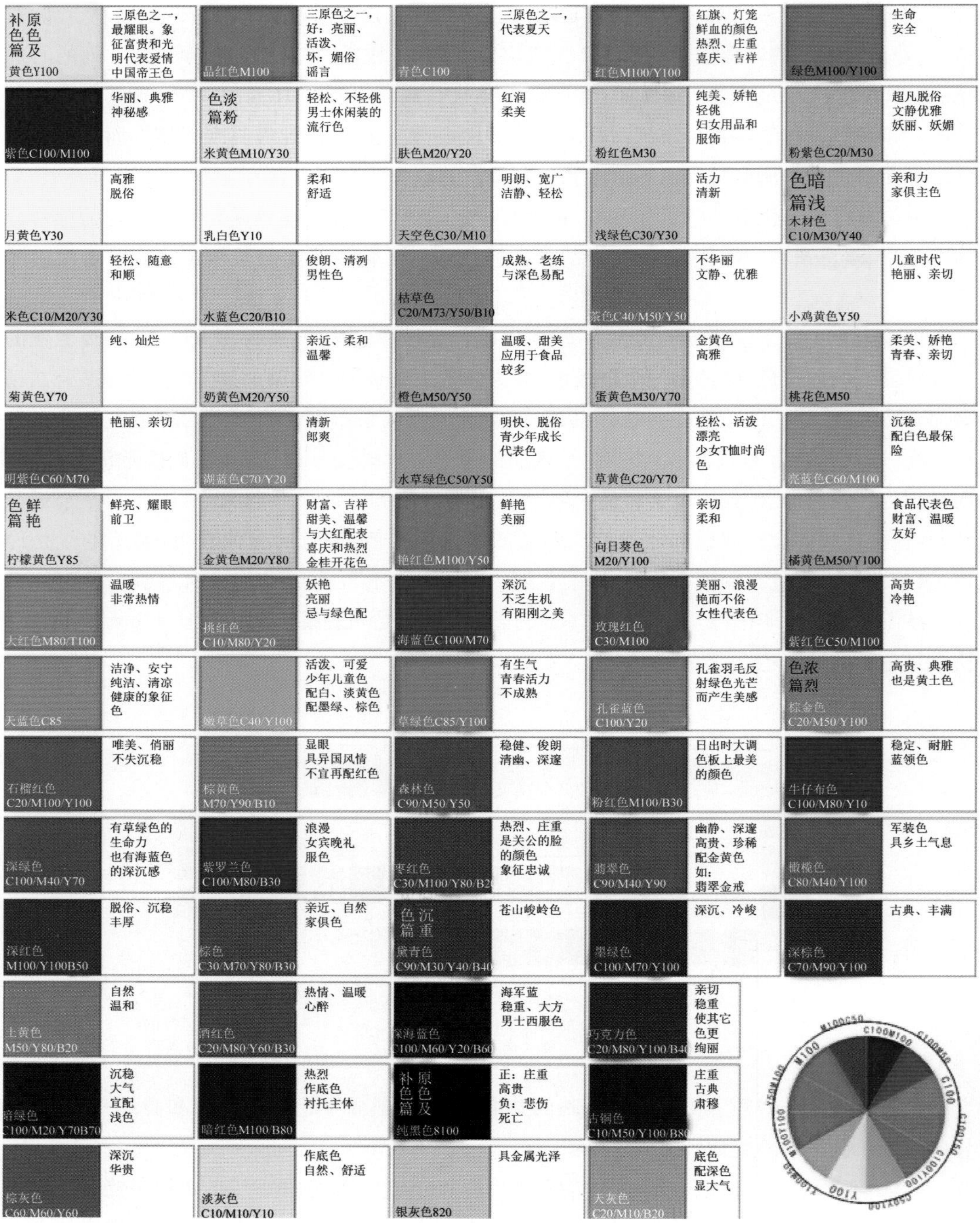

补原色篇及 黄色Y100	三原色之一，最耀眼。象征富贵和光明代表爱情 中国帝王色	品红色M100	三原色之一，好：亮丽、活泼、坏：媚俗 谣言	青色C100	三原色之一，代表夏天	红色M100/Y100	红旗、灯笼鲜血的颜色 热烈、庄重 喜庆、吉祥	绿色M100/Y100	生命 安全
紫色C100/M100	华丽、典雅 神秘感	色淡篇粉 米黄色M10/Y30	轻松、不轻佻男士休闲装的流行色	肤色M20/Y20	红润 柔美	粉红色M30	柔美、娇艳轻佻 妇女用品和服饰	粉紫色C20/M30	超凡脱俗 文静优雅 妖丽、妖媚
月黄色Y30	高雅 脱俗	乳白色Y10	柔和 舒适	天空色C30/M10	明朗、宽广 洁静、轻松	浅绿色C30/Y30	活力 清新	色暗篇浅 木材色C10/M30/Y40	亲和力 家俱主色
米色C10/M20/Y30	轻松、随意和顺	水蓝色C20/B10	俊朗、清冽男性色	枯草色C20/M73/Y50/B10	成熟、老练与深色易配	紫色C40/M50/Y50	不华丽文静、优雅	小鸡黄色Y50	儿童时代艳丽、亲切
菊黄色Y70	纯、灿烂	奶黄色M20/Y50	亲近、柔和温馨	橙色M50/Y50	温暖、甜美应用于食品较多	蛋黄色M30/Y70	金黄色高雅	桃花色M50	柔美、娇艳青春、亲切
明紫色C60/M70	艳丽、亲切	湖蓝色C70/Y20	清新郎爽	水草绿色C50/Y50	明快、脱俗青少年成长代表色	草黄色C20/Y70	轻松、活泼漂亮 少女T恤时尚色	亮蓝色C60/M100	沉稳配白色最保险
色鲜篇艳 柠檬黄色Y85	鲜亮、耀眼前卫	金黄色M20/Y80	财富、吉祥甜美、温馨 与大红配表喜庆和热烈金桂开花色	艳红色M100/Y50	鲜艳美丽	向日葵色M20/Y100	亲切柔和	橘黄色M50/Y100	食品代表色财富、温暖友好
大红色M80/T100	温暖非常热情	挑红色C10/M80/Y20	妖艳亮丽忌与绿色配	海蓝色C100/M70	深沉不乏生机有阳刚之美	玫瑰红色C30/M100	美丽、浪漫艳而不俗女性代表色	紫红色C50/M100	高贵冷艳
天蓝色C85	洁净、安宁纯洁、清凉健康的象征色	嫩草色C40/Y100	活泼、可爱少年儿童色配白、淡黄色配墨绿、棕色	草绿色C85/Y100	有生气青春活力不成熟	孔雀蓝色C100/Y20	孔雀羽毛反射绿色光芒而产生美感	色浓篇烈 棕金色C20/M50/Y100	高贵、典雅也是黄土色
石榴红色C20/M100/Y100	唯美、俏丽不失沉稳	棕黄色M70/Y90/B10	显眼具有异国风情不宜再配红色	森林色C90/M50/Y50	稳健、俊朗清幽、深邃	粉红色M100/B30	日出时大调色板上最美的颜色	牛仔布色C100/M80/Y10	稳定、耐脏蓝领色
深绿色C100/M40/Y70	有草绿色的生命力也有海蓝色的深沉感	紫罗兰色C100/M80/B30	浪漫女宾晚礼服色	枣红色C30/M100/Y80/B20	热烈、庄重是关公的脸的颜色 象征忠诚	翡翠色C90/M40/Y90	幽静、深邃高贵、珍稀配金黄色如：翡翠金戒	橄榄色C80/M40/Y100	军装色具乡土气息
深红色M100/Y100B50	脱俗、沉稳丰厚	棕色C30/M70/Y80/B10	亲近、自然家俱色	黛青色C90/M30/Y40/B40	色沉篇重 苍山峻岭色	墨绿色C100/M70/Y100	深沉、冷峻	深棕色C70/M90/Y70	古典、丰满
土黄色M50/Y80/B20	自然温和	酒红色C20/M80/Y60/B30	热情、温暖心醉	深海蓝色C90/M60/Y20/B60	海军蓝稳重、大方男士西服色	巧克力色C20/M80/Y30/B30	亲切稳重使其它色更绚丽		
暗绿色C100/M20/Y70B70	沉稳大气宜配浅色	暗红色M100/B80	热烈作底色衬托主体	补原色篇及 纯黑色8100	正：庄重高贵 负：悲伤死亡	古铜色C50/M100/Y100/B80	庄重古典肃穆		
棕灰色C60/M60/Y60	深沉华贵	淡灰色C10/M10/Y10	作底色自然、舒适	银灰色820	具金属光泽	天灰色C20/M10/B20	底色配深色显大气		

图 2.7 色彩心理属性

黄色是有彩色中亮度最高的颜色，它是明亮的、辉煌的、希望的色彩象征。黄色和金色多用于代表财富、尊贵和荣耀，如宫殿的装修和皇帝多使用这些颜色，可是淡黄色却多数表现出温柔婉约之美。

绿色给人们郁郁葱葱、充满活力和生命力的感受,绿色使人感到平静与快乐。

蓝色象征和平、遥远、寒冷和悲伤,它象征着深沉、理性的情感。蓝色的象征意义取决于它的明度:明度高的蓝色象征清新与宁静;明度低的蓝色象征庄重高贵。但是,蓝色也与消极、庄严联系在一起。

紫色象征着华贵、优雅、安静。紫色给人的心理感受根据其明度和纯度的不同来变化,纯度和明度高的紫色具有尊严和豪华感;明度低的紫色具有忧伤和情感色彩。

白色象征着纯净,优雅,明亮而崇高。白色具有最大的价值,扩大了视觉体验。

黑色象征着神圣、深沉、庄严、悲伤和肃穆。纯黑色对于设计与创作是非常重要的,无论画面高调还是低调,是冷或暖,黑色都是极具设计感和表现力的色调。

正是因为色彩所带给我们的联想感(图 2.8),在具体造型的设计和制作中,就可以非常巧妙地利用这样的色彩特性,更加准确的为化妆造型选择色彩搭配。

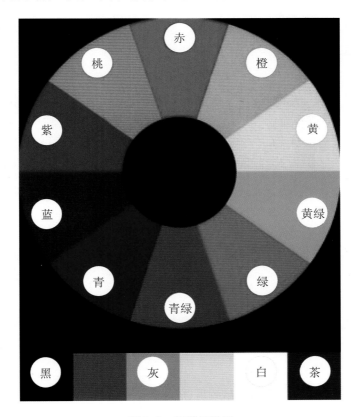

图 2.8　色彩的联想

2.1.3　化妆造型中的色彩搭配与运用

形象设计成功与否要看整体色彩搭配(图 2.9)是否恰当,也表现在色彩配色的变化。黑、白、灰一类的配色,能体现理性、幽雅、神秘、高贵、含蓄的巧妙相配,这样的配色能达到意想不到的惊人效果,简单中蕴含着无穷变化。

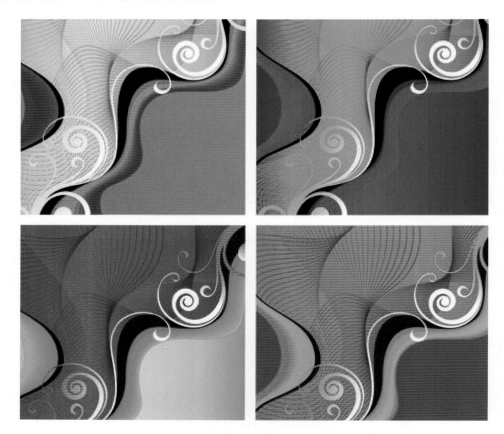

图 2.9　色彩搭配

纯配色具有很强的目的性,这是一个特别具有创造性的设计过程。这样的配色是要首先具备高超的审美能力,并且要非常熟悉每个颜色的基本特征,具备能根据色彩比例和规律来配色的能力。

根据"大协调,小对比"的配色规则,把配色调整到整体统一的色彩调式中,然后再利用色彩间明度、色相、纯度的不同对比特性在进行小的配色,使造型既满足视觉的和谐,又能满足造型中的变化与特别之处。

在色相环中相邻或相近色彩的色彩搭配(图 2.10)被统称为弱对比色彩,这一类明度和颜色相同或色相的纯度相似,搭配起来的色彩调式和谐、柔软、飘逸、统一,但这一类配色缺乏活力,容易将造型的设计表现力降低,把颜色归为过于统一,缺少跳跃和多变的效果。

在统一为主的配色法则下,强调共性和相同的色彩表现力,这样的色彩搭配让你拥有稳定和安静的心理感受。统一的配色色彩里,包括了相邻色、类似色和区别不大的色彩。相反,对比色是强调色彩的冲突,这种颜色的配色效果带来的心理感受是极具变化和冲突的。色调色相对比颜色的配色中,互补色色相是可以达到这样的效果的,但是配色效果不一定是越冲突多变越好,应该是适用不同的要求和以设计理念为主。

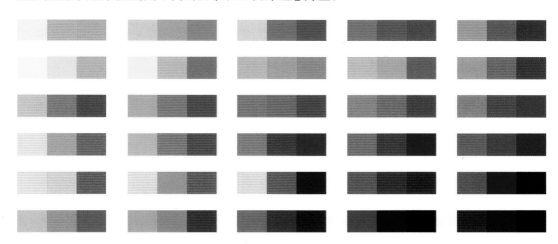

图 2.10　色相环中的色彩搭配

在面部妆容的表现中,眼影是整个妆容的重点,所以眼影的用色是非常重要的搭配。如果用眼影来突出一个动感个性和活泼可爱的造型,就要运用色调对比法,要擅用颜色配色的多变法则。例如:银色和高纯度的色彩会带来时尚、青春、靓丽的效果,这样的配色会让面部妆容表现得更加丰富多彩。比如新娘的眼影色彩主要取决于整体造型的统一色调,但还是要通过蓝、紫、红色的对比来表现出新娘妆容的干净、纯洁以及娇美,不同眼影的颜色会给人不同的视觉效果。眼影一般分为三类颜色:

第一类,主要是用来做阴影的,是相对比较暗的一类色彩,主要运用在表现凹陷和需要强调结构的地方。主要包括了暗褐色、暗灰色、暗棕色等,我们称之为大地色系的配色。

第二类,这一类颜色相比之下是比较亮的,通常用在造型中需要提亮和凸显的地方,以此来将结构的最高点和区域表现得很醒目,有扩散和放大的作用。通常是一些发白发亮的颜色,如米色、灰色和白色,以及带有粉质、具有光泽和反光的白色及粉色。

第三类,这一类色彩是在造型中非常强调和表现个人喜好的颜色,不仅代表了个人喜好,还吸引观者的眼球。在不同的场合、不同的背景下,使用不同颜色的眼影,提升整个造型的特色和品质,但是眼妆还是要遵循整体妆容的统一性。图 2.11 所示为 12 种常见的眼影搭配。

如果是一个比较正式的场合,比如上班,这时的眼影颜色一定要柔和、简单。常用的色彩包括浅咖啡色、粉红色、黄色、深咖啡色、白色等。如果想要妆色效果比较明显,可以将深咖色与亮黄色搭配;如果想要妆色简单、轻薄,就运用浅咖与米白色搭配。

如果是比较随意的场合,如购物逛街时,眼影色彩可以稍微强烈和时尚。常见的颜色包括:鹅黄色、绿色、橙色、蓝色、白色、玫瑰色、紫褐色、樱桃红色、银色。橙黄色与蓝色搭配,热情活泼;与鹅黄色、绿色、樱桃红色搭配,妆色温暖和妩媚;蓝色和白色搭配,紫褐色与玫瑰红色、橙色搭配,妆色温暖而典雅;蓝色、玫瑰红色和鹅黄色、银色的搭配,显得妆色艳丽而高贵。

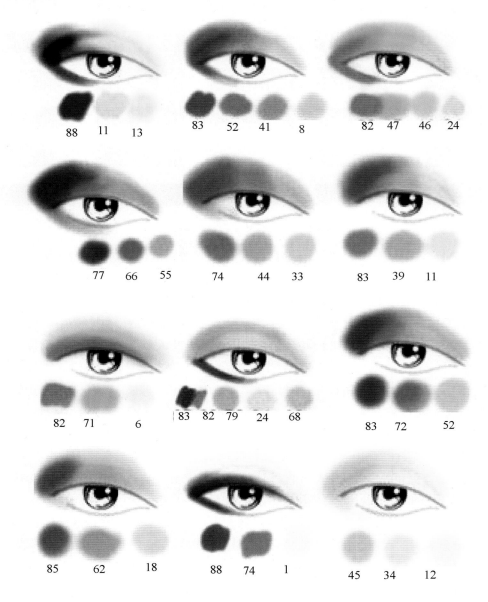

图 2.11　眼影的色彩搭配

　　如果是去派对、酒吧之类的场所,眼影的颜色可以选择更丰富的色彩,形成强烈的对比。常用的颜色有:深咖啡色,橙红色,灰色,蓝灰色,蓝色,浅咖啡色,玫瑰红色,紫色,橙黄色,夕阳红色,珊瑚红色,鹅黄色,明黄色,银色,白色,粉白色,珍珠色。

　　色彩搭配示例见表 2.1。

表 2.1　色彩搭配示例

配色范例	冷暖性	效果
深咖啡色配浅咖啡色、橙红色、明黄色	色彩暖	妆面显得热情、富有活力
灰色配蓝灰色、紫色、银色	色彩冷	妆面显得典雅脱俗
蓝色配紫色、玫瑰红、银白色	色彩偏冷	妆色显得冷艳
深咖啡色配橙红色、鹅黄色、米白色	色彩暖	妆色显得喜庆而华丽
蓝灰色配珊瑚色、紫色、粉白色	中性偏冷	妆色显得典雅

　　不同的人选择粉底的颜色与质地也是不一样的,但要遵循一个原则,就是要选择与本人肤色越近的颜色越好。如果皮肤的颜色是偏红色的,就应该选择稍微偏淡红色基础色调的粉底。如果皮肤的颜色是偏黄色的,就应该选择偏黄色色调的粉底颜色。图 2.12 所示为基本的粉底色彩搭配。

图 2.12　粉底的色彩搭配

不同的场合应对不同的要求,着装的要求也不一样。例如在职场,通常会选择明度低、纯度低、色彩偏冷的服饰色彩,并配合使用部分明度较强的对比色。而在室内休闲场所就可以选择纯度低,具有弱对比色彩的搭配方法。而对于户外休闲的服饰色彩,应该大胆运用色彩并且与自然形成对比,要尽量选择纯度高的颜色,如果休闲运动更趋于奔放、动感,颜色可以选择明度更亮、纯度更高的色彩。比如很多运动品牌的服装服饰都将反差较大的对比色运用到产品中去。在特殊的场合,比如政治集会、演唱会、大型活动中,常常需要用对比色调极强、极易吸引观众眼球的色彩以突出人物。

总体来说,不同的色彩搭配和配色可以将平凡的造型表现得非常出色和具有张力及表现力,但要要注意色彩搭配的第一要素是要从实际出发,要确保颜色与个人的内在气质应该是一致的。每一个人的气质特征各不相同,或清纯可爱型,或优雅美丽,或浓艳妖媚等。作为设计师应该要认真分析,设计搭配因人而异。

其次,造型色彩应该与年龄相一致。例如,年轻的女孩应该用亮色来搭配,如粉红色唇膏、浅色眼影、桃红色腮红,凸显其青春活力;而年龄较大的女孩运用饱和度高但是明度却较低的色彩,会给人庄重、醒目的感觉。确保色彩要与个人的肤色相吻合,具体包括三个方面的选择:一是粉底的选择,千万别选太白或太暗或与肤色差异较大的颜色。二是腮红的选择,尽量从整体色调中去协调腮红的颜色,忌讳过于艳丽。三是口红的选择,要从年龄、肤色、整体色彩中去协调口红的颜色。

在服饰与整体造型的搭配中,要注意以下几点:浅色系服饰穿着时应该要统一,色调要以浅色、暖色为主,以力求色调的舒适感;单一颜色或深色的造型,要尽量选择色系相同的颜色来搭配,明度低、纯度低的色彩更加适合搭配。当选择绿色或蓝色服装时,就可以选择这些颜色的对比色,如红色、橙色来进行妆容的色彩选择,以突出对比的感觉;当选择白色、灰色、黑色的礼服时,可以选择明亮、跳跃的颜色来搭配;当选择带有图案的服饰时,可以选择图案中包含的色彩作为妆容的色彩或者运用图案中色彩明度不同、纯度不同但是色相一致的颜色搭配;眼妆的颜色,可以选择一些与服饰相同、相近或者对比色彩搭配。图 2.13～图 2.15 依次列出了蓝色、粉红色、绿色的服装色彩搭配。

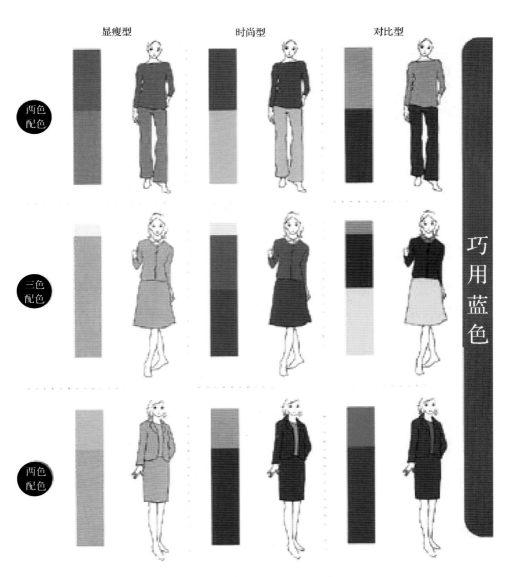

显瘦型　　　　时尚型　　　　对比型

两色配色

三色配色

两色配色

巧用蓝色

图 2.13　服装色彩搭配——蓝色

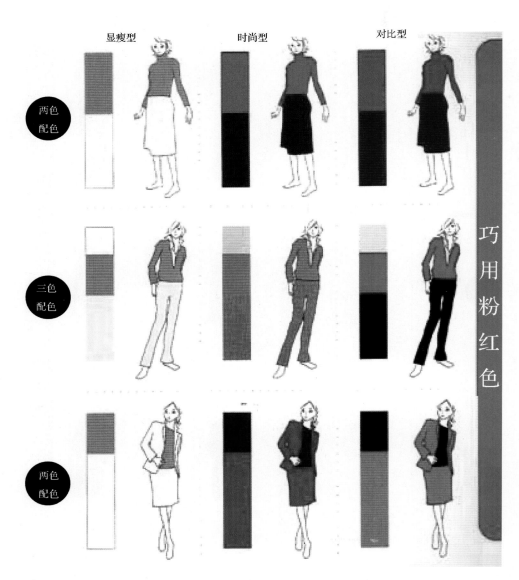

图 2.14　服装色彩搭配——粉红色

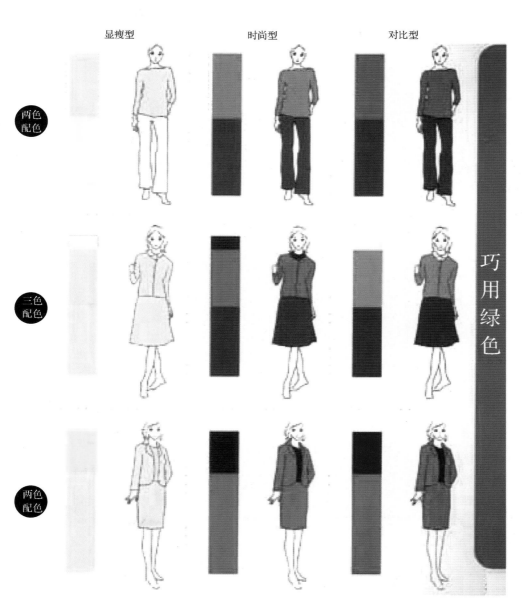

图 2.15　服装色彩搭配——绿色

化妆也是造型
美丽妆容搭配
优雅的服饰才
是自信的体现

2.2 结构与化妆造型

学习化妆艺术除了要有一定的美术素描功底,还要继续接受更高层次的专业训练,一个专业的化妆师首先要了解人的面部结构,还要学习和掌握色彩学、造型基础,并且能运用色彩来设计和搭配,通过专业的艺术理论知识来弥补造型设计的不足。

化妆造型离不开艺术造型的基础训练,不仅要掌握绘画透视学、素描人像的造型技法、艺用人体解剖学等,而且要熟练应用色彩造型的技法,不同性别、不同年龄、不同性格、不同职业的深入研究及观察,才能在造型时表现得非常出色,并且发挥化妆艺术的巨大作用。作为化妆专业的学生必须注重加强自己的美术素养,以提高化妆技艺。

在化妆造型教学中,首先要对学生进行基础素描的训练(图 2.16),使学生对造型原理及造型能力有一定的理解和掌握,在绘画过程中体会立体造型的空间效果及层次变化。了解人体在运动中的变化规律,充分掌握艺用人体解剖学的理论知识、实践技能。我们还要掌握绘画透视学的理论知识与技能,认识研究绘画透视的基本原理,了解掌握人体各部的透视规律,了解因透视现象给人体带来的形象变化规律,了解人在不同环境中的不同透视规律。如图 2.17 所示,不同角度的头部透视。在课堂素描教学的训练中,要对不同年龄、不同性别、不同职业的模特进行长期作业的训练,要掌握因年龄不同、性别不同、职业不同形成的形象差异上的不同表现技法,同时在写生实践中,掌握绘画技法的基本应用,掌握美术的形式法则,提高我们的审美水平与修养。

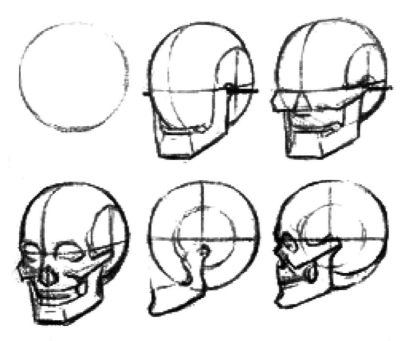

图 2.16 头部骨骼

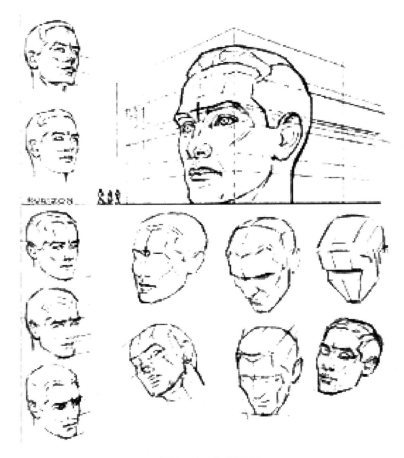

图 2.17　头部透视

　　除此之外，还要进行人物速写训练。一方面,培养人物造型能力。另一方面,是要收集人物形象素材,如小孩天真可爱的形象,青年男女青春焕发的神采,中老年人的品貌、风度、气质,还有各种不同职业的人物形象,甚至具体到五官的造型,如眉毛、眼睛、鼻子、嘴、胡须等。了解和掌握各种人物面部的性格特征。在素描头像的造型训练中,通过认真细致地刻画人物形象,表现人物的思想情感,掌握各年龄段骨骼结构的造型变化和惟妙惟肖的肌肉组织变化,如各部位面部皱纹的处理,以及对人物形象的立体化造型都要有更深刻的理解,才能在化妆造型中达到真实贴切的效果。在色彩基础教学中应着重色彩关系、色调及环境色的训练,了解色彩的要素和属性。

　　色彩头像的训练,是为了进一步了解不同的人物面部色彩,及环境色对人物面部色彩的影响。因为不同的人物面部都存在着各种不同的固有色,而且在不同的肤色中都有着它相应的色彩关系的存在。色彩和皮肤的颜色必须紧密相连。亚洲人肤色偏黄,属暖色系列,不能用太多的冷色,但黄皮肤也有不同的差异,有的偏白,有的偏褐。化妆时要考虑皮肤颜色,皮肤白皙用红色时应该偏冷,用紫红和玫瑰红,少用朱红和大红,如果肤色偏黄就可以用朱红和大红。通过写生可以掌握人物面部微妙的色彩变化和色彩在空间立体造型中的作用,以及色彩在人物年龄、性别、身份、职业、健康方面的体现。

化妆师应提高色彩审美能力,无论是美容设计,还是保健美容的美化妆饰都需要提高色彩修养。医学美容师学习素描设计,可为人物整容造型打下良好的审美基础。保健美容师学习色彩知识可为人物化妆美容、塑造美的形象奠定基础,提升技术水平和创造能力。在掌握了素描、色彩的基本知识和技能后,可以做一些雕塑作业来锻炼塑型能力。加强立体造型意识,可方便为特型演员做整型、塑型的造型设计。图 2.18 所示为艺用解剖图。

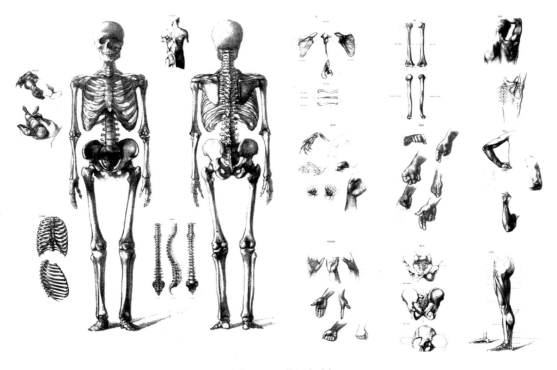

图 2.18　艺用解剖

特型化妆有三种:第一种,是"肖像妆",将形象差距较大的演员,经过化妆塑型达到与人物原形相似。第二种,是人物奇特怪异的面体造型。第三种,是人物命运发生逆转后面貌形成伤残的化妆造型。所以雕塑技能也是化妆造型的重要一课。

掌握了美术造型能力,还要在化妆造型的具体实践中重新认识和感受,用不同的工具和颜料,用绘画的造型能力,以剧本提供的人物形象,将演员刻画成为屏幕世界中的富有表现力的人物造型,如图 2.19、图 2.20 所示。

化妆造型的审美风格与美术是相通的,如现实主义的、唯美主义的、自然主义的,无论采用哪一种风格,都要符合影片中所规定的总体风格。这里,我们可以采用美术的形式法则,如宫廷片可以浓艳一些、武打片可以英俊一些、爱情片可以唯美一些、战争片可以浓重一些、农村片可以自然一些等。当然,在同等题材的影片中,由于导演的意图不同,也会产生两种截然不同的风格。化妆风格也要随之改变,在不影响影片大基调的情况下,运用美术理论与技法,结合化妆技巧,便能充分发挥化妆造型的艺术魅力,为影视片增光添色。这就是真正的化妆造型艺术。所以,美术造型能力与化妆造型能力有着必然的联系,也起着十分重要的作用。

图 2.19　造型(1)

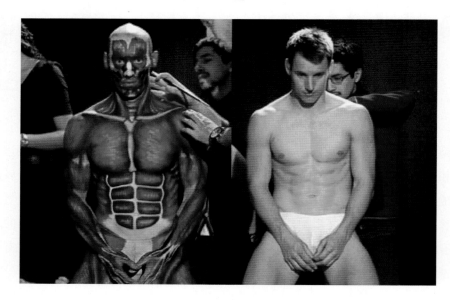

图 2.20　造型(2)

2.2.1　面部骨骼肌肉与化妆造型

我们在基础美术认知中的解剖知识和医学解剖知识依据功用的不同分别被称为艺用解剖和医用解剖。艺用解剖和医用解剖在认知和理论上其原则是一样的,医用解剖更多的关注功能,艺用解剖则更多的关注结构。

无论形象多么好都会因为角色要求的不同而带有缺陷和不足,这些缺陷存在于或是脸型或是肤色或是年龄等各个方面。人物面部的结构是进行人物设计的基础。人脸有十分丰富的表情。不管生活在世界上哪一个角落的人,表达同一感情的脸部表情都是相同的,而表情的呈现是在骨骼和肌肉的牵引联动之下形成的。如果说化妆是塑造形象的基础,那么对面部骨骼(图 2.21)和面部肌肉(图 2.22)的了解则是重中之重。

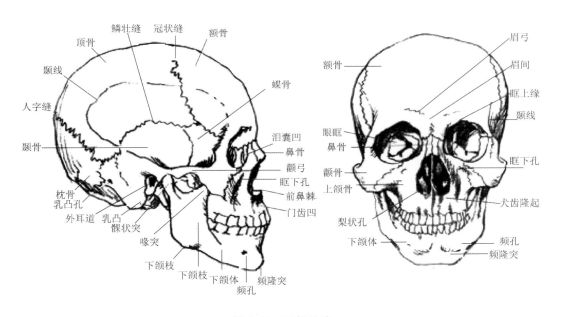

图 2.21　面部骨骼

如前所述,骨骼已经基本决定了人物形象大的结构,我们只能在尊重的基础之上尽可能地挖掘相似之处进行创作;但是这种创作又必须结合肌肉在骨骼上附着的多少决定如何穿插。只有明确了二者之间的关系,作出的人物才能既形象又生动。

面部肌可分为表情肌和咀嚼肌两类。表情肌起始于颅骨止于面部皮肤,收缩时使面部皮肤形成皱褶与凹凸,赋予面部各种表情,这是人物造型面部的重中之重。额肌收缩时可提眉并使额部出现横向的皱纹。皱眉肌使眉间皮肤形成皱褶。额肌与皱眉肌运动时则表达出喜、怒、哀、乐等表情。降眉肌也可加强皱眉肌所形成的表情。眼轮匝肌使眼外侧出现皱纹。年轻人与老年人的区别就在于匝肌附近的饱满程度。上唇方肌收缩时可提上唇加深鼻沟。口轮匝肌的收缩形成了皱纹的凸显部位。

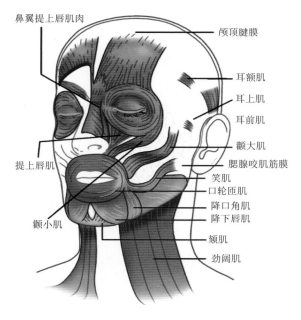

图 2.22　面部肌肉

2.2.2　比例结构与化妆造型

体形是代表了人身体外在的比例和形态,衣服只是包装我们体形的一种物品,可是想要真正表现服装的美,不仅仅是需要服装服饰的美化,还应该是人的形体的魅力展现。这是我们人类自身与环境、与其他物体结合的重要体现过程。设计和制作一件服装服饰我们需要有尺寸和大小的比例关系,而对于人体的比例来说,也需要我们遵循一定的尺寸、大小、方位等。

服饰和我们人体最直接的关联和影响应该来自于我们的体形。因为人的祖先不同、国籍不同、年龄不同、性别不同、工作不同、身体状态不同、个性不同,所以身体也是不同的。世界上没有相同的两片叶子,而人也一样。在我们生活的周围,有些人长得高,有些人长得矮,有些人长得胖,而有些人却长得瘦等,正是因为这些差异,造型设计、服装服饰设计才会如此多样化、全面化、定制化。而设计的目的就是为不同型的人设计属于他、美化他形体、形态的化妆造型,这样的造型设计一般分为非普通型、普通型、理想型。

服装服饰、造型设计不仅要考虑到不同民族的性格及传统,还应该符合当下时代的审美和爱好。每个民族或国家都有各自对色彩、图案、造型等特有的喜好及选择,我们不仅要尊重这样的喜好,更应该擅用这样的设计,并加以美化及修饰。坦桑尼亚的亢加装、日本的和服(图 2.23)、印度的纱丽(图 2.24),这些民族服饰都有自己独特的风格与特点。不同的宗教信仰,不同的民族,不同的历史和文化背景下有着不同的服装服饰。

图 2.23　和服　　　　　　　　　　　　　　　　　图 2.24　纱丽

　　中国早期的服装服饰以色彩单一、款式刻板为主,这不仅是那个时代审美情趣决定的,更重要的是会受到当时社会风气、文化思想的影响,追求一致的服装款式、一致的色彩(图 2.25),所以这样的风格是一个时代、一种思想的体现。但是看看今天的中国,包容性越来越强,经济发展飞速,而人们曾经禁锢的思想观念正在发生前所未有的变化,衣服的款式、材质、颜色等都在变化。超短裙(图 2.26)逐渐被接纳,这也说明造型设计是跟随时代的脚步而不断变化的。

图 2.25　曾经的穿着

图 2.26　短裙

在绘画、设计、创作的过程中,黄金比例(图 2.27)是非常重要的比例法则,也是古希腊科学家、艺术家对世界艺术学、设计学的重大贡献,而且到现在这都是被公认为最和谐、最具有美感的比例。这个比例将一段距离分成两个部分,比例的数值是 0.618,而这个比例值奇特的地方是:两个部分中短的部分与长的部分之比与长的部分与整个长度部分之比是一样的,都是 0.618。

因为这样的一个比例值对于观者来说,在视觉上是非常和谐和舒适的,这样该比例就成为了世界范围内公认的极具美感的比例。而在造型中服装的最佳比例多为 3∶5、5∶8,在造型中,注重比例的分配和选择,会让整个设计变得不再平凡,也不会因为比例的对比强烈而造成视觉的不稳定感。

在化妆造型的具体实施中,应该随时注意黄金比例的应用,在设计中如果是两件以上的造型服装,应该要将不同服装的比例进行设计与规划。黄金比例是最适用于设计、是实际应用中给予最佳视觉效果的比例,所以这样的比例数值带给设计师更多的灵感和创作形式,而化妆造型师也应该深入和细致地去研究关于黄金比例的度与量,使其真正能为所用。

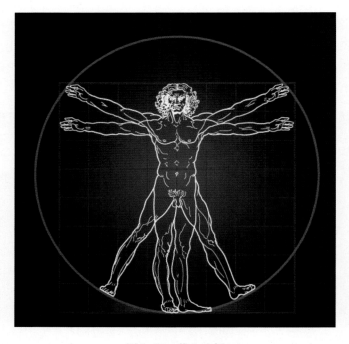

图 2.27　黄金比例

通过对黄金比例的了解与学习,可以确定的是,黄金比例所达到的视觉冲击力不仅是使不同观者的视觉产生极大影响力的比例，也可以肯定的是，这样的比例关系将化妆造型这一综合艺术的艺术层次与审美情趣提升到了一个更高、更理性的水平。因此，掌握和熟练运用黄金比例，是每一个化妆造型师所具备的基本专业素养。

2.3　化妆师在造型设计制作中具备的基本条件

化妆造型是一门综合艺术，也是一门多元化的学科，它囊括了雕塑、绘画、日用化工和美学、医学、心理学等众多学科。对于化妆造型师来说，要具备什么样的职业素质，才能在这个蓬勃发展而且竞争激烈的行业中引人注目、脱颖而出呢？

2.3.1　化妆师内在能力的锻炼和提升

1. 扎实的专业知识和熟练的专业技艺

化妆造型师这个职业在近 20 多年里得到了意想不到的发展。在 30 年以前，化妆造型师还是一个比较小众、神秘的职业，而这些工作者的工作范围基本上都在剧组、剧院、戏剧团体、表演场所等，所以这个行业的人才多数都是以师傅带徒弟的形式慢慢来培养和传承。而到了 20 世纪 80 年代中期，我国各个行业的迅速发展，就形成了对化妆造型师大量的需求，这也是我国文化事业急速发展的重要表现。不仅需求量大，而且对化妆造型师的能力和专业技能提出更高的要求。所以，北京广播学院（也就是今天的中国传媒大学）招收开办了第一批化妆造型培训班。

培训班里的学员大部分都是来自各个省市电视台或电影厂、剧团、演出团体等工作超过两年的有实践经验的化妆造型师。这些学员们在经验丰富的前辈的悉心培养下，对色彩、骨骼、形体、塑型等学科进行了系统学习，成为我国化妆造型事业中最早、最坚实的力量。

而随着现代社会对"美"的事物不断追求和渴望，大众对化妆造型的需求不仅仅是停留在表演和专业展示，更多的人开始将化妆造型与个人的形象设计和商务形象结合起来，所以近年来化妆造型师已经成为一种非常"热门"的职业。

当然，对专业人才的大量需求也导致了各种形式的化妆培训班的产生，因为从业人员的参差不齐、水平不够，社会对这个行业的认可度反而变低，甚至有人还把化妆造型业归类到美容美发行业，不仅是混淆了化妆造型与商业、艺术、生活之间的联系与区别，更是忽略了化妆造型职业的专业性和独立性。所以要想成为一名合格的现代化妆造型师，必须要掌握专业的知识，并且还要熟练运用专业技艺。

但是，仅仅掌握专业知识是远远不够的，一个好的造型设计必须还是要通过出色的造型呈现出来的，那这就需要化妆造型师拥有大量的实践经验来支撑自己的专业技能。化妆造型师要耐心、用心、精心地对待每一次造型设计制作，因为只有通过真实的实践操作才能获得专业的知识，并且要了解各种化妆产品的专业性能。比如说，膏状粉底和液态粉底使用起来有什么区别？它们分别适合什么样的肤质？在什么样的场合更适合？它们所呈现的效果有什么区别？

化妆造型师在进行化妆造型之前首先要做很多的前期准备工作，要了解是什么样的场合、什么样的目的、什么样的背景，其次要对被设计的对象有所了解，可以通过和本人见面或者看照片等相关工作，做好必须的案前工作。所有的设计和创作应该遵循主题，不要简单的想去博眼球、创新鲜，无论设计怎样新潮，偏离主题就是不符合要求的、失败的设计。一名合格的化妆造型师应该具备了解各种化妆工具的能力，针对不同的需求和场合能够熟练使用不同要求的化妆工具，这样也是确保在不同情况下化妆师都能打造专业、全面的造型。

假如导演需要化妆造型师设计和制作出《甄嬛传》里华妃的造型，那么首先应该要认真阅读流潋紫的原著，并且了解这个故事的时代背景，并且根据作者对人物外貌及性格的描写再结合演员的综合条件来化妆造型；如果化妆师给演员化上一个清新简单的妆容，梳上一个平凡朴素的发型，再穿上简单素雅、没有装饰的服装，那观众看后怎么都不会认为这是一个霸道、宠冠后宫的妃子形象。

化妆造型师的技能是一个长期积累和沉淀、不断学习的过程，而且随着社会经济不断发展，人们对美已经不是简简单单的要求了，人们的审美情趣在不断提升，而且对美的追求呈现出一种直线上升。这就给化妆造型提出了非常明确和严格的标准，那就是要不断的提升自己的文化素养和艺术品味，而这样的能力是通过大量专业技术书籍、著名造型设计著作等书籍和杂志的阅读，以及在新媒体传播中的最及时、最流行的资讯和知识，不仅是对自身专业能力的提升，更重要的是能够掌握一种学习和运用的能力。

作为一名专业的造型化妆师，已经不能单单满足能够完成一个妆面、塑造一个发型、搭配一套服装，而应该成为一个能够纵观全局，处处分析成品的综合性、整体性的化妆造型师。

2. 锻炼自身的综合能力

因为化妆造型是一门综合性极强的艺术门类，它就要求化妆造型师能够具备基本的能力和素质，首先是要具备一定的审美能力，一个拥有艺术情趣和审美品味的造型设计师才能够将作品本身的层次提升起来，设计和制作出好作品的几率才会加大。

还应该具备独特的视角和敏锐的观察力，这样的能力是对我们认知世界和沉淀经历非常重要的阶段，要善于发现具有价值的东西，并且能够通过这样的发现而获得积累沉淀的知识以及创作空间的拓展，而这样的积累下，专业知识和生活阅历越多，设计制作的空间就会加大，并且具备更多更新鲜的可能性。

要学会感同身受，因为化妆造型是一种创造美、实现美的职业。所以要具备对美好事物敏锐的感受，还要具有化妆师对完美形象独立思考设计和具有设计思维的塑造能力，这样才能把所造型的对象表现出更好的效果，更加生动灵性。而能够提升自己，和让自己具备感受美、认知美、创造美的能力除了艺术、文化素养的提高，更注重在大自然、社会里真实地对万物之美、人文之美、自然之美的体会,正是这样的体会教会了化妆造型师感受、联想、体会、创造、感染的能力,这也是提升自己作品感染力最有效的途径。

化妆造型师还应该具备丰富形象的创造性想象力,这就好比是进行造型设计中灵感的源泉,一个优秀的设计师不能缺少天马行空的想象力,因为他要运用这多彩的想象力来创作出丰富生动的人物造型出来。所以还是要对这一能力进行锻炼和挖掘,通过大量的阅读、学习、体会和感受来激发自身想象的空间和能力。

最后就是要具备娴熟、有效的塑造能力和作品表现力,我也可以理解是一种造型作品的创造力。这种能力建立在美学基础之上,具备一定的艺术素养和审美规律,透过造型本身可以传递审美情趣、艺术气息、想象空间和无尽的联想等。但是在达到这样一种创作境界的基础还是需要化妆造型师具备扎实、细致、全面的技能和手法,这些基本条件是保证创作进程的基本素质。

3. 注重自身魅力的提升

化妆造型师要注重素质的提升和艺术素养的积累,也就是要增加自己的魅力指数,能够坚持这一行业在艺术层面的追求,而且能够不断地尝试新鲜事物,对艺术、对创作保持持续的热情,坚持在音乐、影视、文学、表演、摄影等多门类的涉足,这样才能将造型的全面性和艺术性挖掘到更大的潜能。

在这一行业中要能够坚持自己的理想,不忘初衷,并且要投入饱满的热情在化妆造型事业上,要真正的保持一种积极进取之心,要具备乐于奉献的精神,因为化妆造型师是幕后工作者,常常要伴随着被冷落、不理解、不能充分表达的尴尬,这就需要一种积极地乐观态度,支持一名设计师在自己的岗位上坚持和表现出最好的状态。

作为一名化妆造型师,在进行造型设计的过程中,应该要非常注意自己的一举一动,大到造型设计的专业能力体现,小到自己的站姿和呼吸,因为这是一个与人随时接触和交流的行业,你的任何一点行动都有可能会影响到被造型者。如果一个造型化妆师在给被造型者化妆或者试用服装的时候,过分地靠近别人,甚至呼吸对着别人的脸部,这些都会让对方感觉到非常的不舒适,这也是一种不礼貌的行为。所以化妆师亲和的态度、优雅得体的举止、细致的工作状态和诚实守信的行为都能给对方带来信任和肯定的评价,这样的化妆造型师已经突破了仅仅停留在造型技艺上的标准,而是上升到了个人素养和素质的标准。

化妆造型师要善于与人交流沟通,要注重谈话的技巧,注意词汇的选择和语调的运用,一个优秀的化妆造型师要给人一种春风化雨般亲切的印象,这不仅是对自己素质和专业的体现,更是对被造型者的尊重,而且这样一种和谐的交流环境也会有利于造型工作的开展。

最后要强调的是关于化妆造型师自己本身的形象,优质的形象不仅仅是外表,化妆造型师要将自己的形象进行一定的设计和定位,以此来为自己的专业能力加分。另一方面还是要将自己的言行举止进行约束和提升,给合作者留下好的印象,不仅是对他人的礼貌和尊重,也是今后继续合作的前提。

在现代中国众多的职业中,化妆造型师已经成为了越来越多朋友们选择和向往的职业,但是不能因为我们看到的只是他光鲜亮丽、收入可观、美丽时尚的一面,就不思考这个职业背后的心酸与平凡。这还是需要我们将这个行业中的每一点一滴都当作很重要很关键的事情来做,积累更多的经验、创造更美的造型、获得更多更高层次的肯定,成为这一行业的领头羊、佼佼者。图 2.28 所示为一名化妆造型师在为人化妆。

图 2.28　化妆造型师

2.3.2　造型师的基本素养

一名优秀的化妆造型师外功包括了日常学习的常规方法和特殊技巧,而内功主要表现在艺术鉴赏力和艺术创造力上。任何时候任何场合化妆师都要秉承"设计"的信念进行创作,化妆师每一次化妆的过程,都是在完成一次"美"的创作。

"美"是一种创作理念和价值判断,是化妆师工作的核心。手法熟练固然不容易,而设计构思能雅俗共赏就更加有难度。所以化妆造型师应做到内外兼修,不断提高自己的艺术修养和艺术品味,通过业余时间多阅读一些专业著作、时尚杂志,运用新媒体最快速地掌握最流行的专业资讯,学习和借鉴国内外优秀的造型设计作品,加强与业内同行之间的交流,兼收并蓄,去粗取精,以适应人们不断强化的审美理念和社会的不断进步。艺无止境,作为一名专业化妆造型师,要用艺术家的标准要求自己,致力于发现美、传承美、创造美。

2.3.3　造型师应具备个性与和谐的统一协调能力

化妆是造型的一部分,而服装又要与化妆造型相统一,所以说化妆造型与服装服饰造型缺一不可,彼此相互影响。化妆造型不仅包括了服装,包括了服装饰品,最重要的是还包括了着装的人,当然也就包括了化妆。当我们在进行造型设计或者着装设计的时候,不仅会考虑服装本身传达的美感,也要全面的考虑到着装者本身,最基本的如着装者的五官、肤色、形体等因素是否与这套造型合适。如图 2.29 所示,一名造型师在为人做头部造型。

人们开始对化妆有意识最早可以追溯至远古先民,他们在身体上涂抹天然的白粉和红土,用于蔽体和保护自己,或是表现对神的崇拜与模仿。后来随着生产力的发展,人类文明的进步,人们逐渐学会了纺纱织布,人类从野蛮社会解放出来,用于蔽体、保暖的不再是干草、树叶、兽皮,而是通过实践将织物做成服装,还做了饰品,这样的话,人类初期的造型就基本出现了。

图 2.29 头部造型

人的肤色、身材多为天生,相对固定不变;而化妆造型则是后天而来,丰富多彩、千变万化。化妆造型能起到衬托人气质的作用,也更能改善人的肤色及五官造型,使人看上去更美。化妆造型看起来是相对独立的,但依然要遵从化妆服装的整体效果。

随着人们生活观念的转变,时代的发展,中西文化相互影响变化,化妆造型与服装服饰造型的搭配方式也在逐步的变化。掌握化妆与服装服饰设计制作知识,并且能灵活地运用,还应该因人而定,从实际出发,对化妆造型进行再创造与升华,灵活地处理好个性与共性的关系,使服装服饰与化妆造型达到完美结合与体现。

美是一种意境，
自然而恬静

美妆是气质，专注而淡雅

第 3 章

化妆造型工具

3.1 常用化妆造型工具的分类

常用的化妆工具大致分为两大类，一类是美容修饰常用的化妆用品，一类为舞台影视需要的特殊化妆用品。在学习化妆之前必须对不同的化妆用品有一定的认识和了解，包括构造、成分、使用方法、优缺点以及保养方法等。

3.1.1 美容妆造型用品

1. 化妆品

美容妆的化妆品主要包括粉底、遮瑕膏、散粉、眉笔、眉粉、眼影粉、眼线饰品、腮红、双修、唇彩等。

（1）粉底

粉底是大面积调整肤色，让肤色更加均匀的化妆品，在妆容当中尤其是日妆里，把底打得干净、自然、均匀，这样的妆容可谓已经成功了一半，所以一定要选择一款适合自己的粉底。粉底的成分是由水、颜料及油脂构成，其中水和油脂能让人体面部的肌肤柔和、滋润，颜料的属性又决定了粉底的色彩倾向，比如有象牙白、小麦色等不同颜色的粉底，在选择色号时，一定要选择和自己肤色相近的粉底。根据粉底"水""油"的不同比例，粉底大致又细分为两类，一类是液状粉底（粉底液），一类是膏状粉底（粉底膏）。

膏状粉底（图 3.1）：膏状粉底所含油脂含量较高，遮瑕效果极强，瑕疵较多的皮肤以及浓妆、舞台妆等较为适合，其缺点在于使用在面部以后厚重感比较强烈，所以使用膏状粉底一定要注意打底的手法，避免产生浮粉、干裂的情况。

液状粉底（图 3.2）：液状粉底所含的水分较多，油分较少，其妆后效果十分湿润、自然、清透，肤质为油性的人群极为适合液状粉底，但液状粉底的缺点在于其遮瑕效果不是很好，通常需要借用遮瑕膏及小面积使用膏状粉底，来达到最佳效果。

使用方法：利用海绵均匀涂抹于面部。

图 3.1　粉底膏

图 3.2　粉底液

（2）遮瑕膏

遮瑕膏（图 3.3），其颜色大致分为紫色、橘黄色、淡黄色、绿色等，遮瑕膏颜色分类正是运用到前面章节所讲到的色彩关系中的互补色，利用互补色的关系来完善肌肤的瑕疵，通常情况下紫色用于遮盖泛黄区域，橘黄色配合淡黄色用于遮盖黑眼圈，绿色用于遮盖痘印，在使用遮瑕膏时，切忌不能过量使用，并且要在使用一段时间后覆盖上一层底妆，以达到融合的效果。

使用方法：底妆完成后用小笔蘸取少量遮瑕膏，并涂于瑕疵部位，再用指腹轻轻拍开，最后盖以一层粉底。

（3）散粉

散粉（图 3.4）又称蜜粉，在底妆完成以后用于定妆使用，其效果具有吸水、吸油的效果，在定妆时使用散粉，能让皮肤和粉底紧密地结合，使肌肤质感更加自然，不易脱妆。

使用方法:用粉扑将散粉拍在肌肤上,多余的浮粉用扇形刷弹掉。

图 3.3　遮瑕膏　　　　　　　　　　　　　图 3.4　散粉

(4)眉笔

眉笔(图 3.5)是描绘眉毛的工具,通常选用拉线式眉笔,颜色分为黑、灰、棕,眉笔的笔尖削成鸭嘴状,利于描绘形状,在使用眉笔之前,要注意检查笔芯是否已经干硬,如果干硬要用笔尖蘸取少量面霜,滋润笔尖。

使用方法:用力要均匀,注意眉头、眉腰、眉峰、眉尾的虚实变化。

(5)眉粉

眉粉(图 3.6)是描绘眉毛的另一种工具,眉粉相较于眉笔,使用上更快捷、方便,但是形状不易于把控。

使用方法:利用眉刷,蘸取少量眉粉,适量描绘,切忌一次性上色过度产生死板的效果。

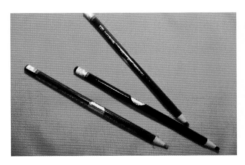

图 3.5　眉笔　　　　　　　　　　　　　图 3.6　眉粉

(6)眼影粉

眼影粉(图 3.7)呈粉状,色彩比较丰富,有珠光和亚光之分,在选择质感及颜色上,要根据个人风格选择不同的色彩。

使用方法:根据不同的妆型设计、要达到的效果及眼形条件,选用不同颜色的眼影。

（7）眼线饰品

眼线饰品（图3.8）是用于描绘睫毛线的化妆品，可以修饰眼形，调整眼形，从而使得眼部神采奕奕。眼线饰品分为三大类：眼线笔、眼线液、眼线膏。

图3.7　眼影粉　　　　　　　　　　　图3.8　眼线饰品

眼线笔：眼线笔外形类似铅笔状，效果较自然，但由于其铅状的质地和眼睑的神经敏感，通常在描绘时，会产生不舒服的感觉。

眼线液：眼线液为液体状，配有细小的笔，上色效果极好，但由于其液态的形式，描绘难度也较大，偶尔会晕染到多余的部位。

眼线膏：眼线膏为块状，使用时需蘸取少量水分，晕染的效果较好，层次丰富，不易脱妆，是眼线饰品中最常用到的工具。

使用方法：顺着睫毛根部，力度要均匀、描绘要平整。

图3.9　腮红

（8）腮红

腮红（图3.9）是修饰面部的化妆品，使肤色健康红润，颜色分类较多，选择时要考虑到整体穿衣的搭配，以及发色脸型等。

使用方法：定妆以后，用斜刷每次蘸取少量，轻轻地刷在面颊两侧。

（9）双修

双修（图3.10）分为两个颜色，一个浅色，一个深色，呈粉状，其效果有助于增加面部的立体感，通常在舞台影视妆中较为常用，日妆中不建议使用过多。

使用方法：浅色用于凸起部位，比如鼻梁、眉骨、下颌结节等部位，深色用于凹陷处，在使用时一定要注意过度自然，不管亮部还是暗部都要把握好具体的形状。

（10）唇彩

唇彩（图3.11）为唇部的修饰用品，色彩丰富，可强调唇部的立体感，改善面部及唇部的色泽，唇彩质地细腻，光泽柔和，并且可以调和出理想的颜色。

使用方法:用唇刷涂抹于唇部,描绘出理想唇形。

图 3.10　双修

图 3.11　唇彩

2. 化妆工具

化妆工具即化妆使用的工具,分为以下 7 大类。

(1)化妆海绵。化妆海绵(图 3.12)用于涂抹底色,选用海绵时一定要选择富有弹性的海绵,这样粉底与皮肤才能较好的融合在一起。

(2)粉扑。粉扑(图 3.13)是定妆时的用具,选择粉扑时,以质地细密柔和最佳。

图 3.12　化妆海绵

图 3.13　粉扑

(3)扇形刷。扇形刷(图 3.14),是用于弹掉浮粉的工具。

(4)轮廓刷。轮廓刷(图 3.15)顶端呈椭圆型,用于修饰轮廓。

(5)眼影刷。眼影刷(图 3.16)有各种大小,应选择弹性良好的眼影刷,在平时化妆中,要多准备几只眼影刷,并且注意专色专用。

(6)斜刷。斜刷(图 3.17),前端呈弧状,用于涂抹腮红。

(7)唇刷。唇刷(图 3.18)是用来涂抹唇彩,修饰唇部的工具,应选择顶端刷毛比较平的刷子。

(8)眉刷。眉刷(图 3.19)的刷头呈斜面状,眉笔描绘以后,用眉刷顺着眉毛走势刷,能使眉毛显得自然。

图 3.14　扇形刷

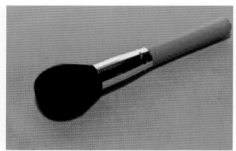

图 3.15　轮廓刷

图 3.16　眼影刷

图 3.17　斜刷

图 3.18　唇刷

图 3.19　眉刷

3.1.2　影视舞台化妆造型用品

在影视舞台妆中,美容类的化妆品运用十分多见,其中还涉及到特殊的造型工具,比如气氛妆、影视特效妆、塑性化妆等。

1. 油彩

油彩含大量的油脂,在影视剧和舞台化妆中是十分重要的化妆品之一。油彩的颜色很丰富,可以根据不同情况的需求,进行调色,在戏曲化妆、伤效妆、年龄妆、塑性化妆等中都会大量涉及油彩。

2. 凡士林

凡士林具有润肤的效果,也可以作为油彩油用来稀释油彩,由于影视舞台化妆中大部分化妆品都比较伤害皮肤,而凡士林特有的功效,能为肌肤提供保护,通常在影视舞台的一些特殊妆容化妆前,会先涂抹凡士林,达到润肤、保护的作用。

3. 酒精胶

酒精胶的粘附力较强,效果坚固,通常在粘胡子和头套、伤效妆、塑性妆中使用较多。

4. 调刀

调刀又称塑形刀,一端为尖锐的三角形,另一端为菱形,可以在粘贴时使用,也可以对肤蜡进行雕刻塑形。

5. 肤蜡

肤蜡由特殊的材料制成,根据不同位置的需要,进行雕刻后,可增加面部的立体效果,其柔软度类似橡皮泥,即可以作为修饰,比如增加鼻梁高度,又可以在伤效妆中使用。

6. 硫化乳胶

硫化乳胶富有弹性和柔韧性,粘附在面部时,可以随着肌肉表情的变化而变化,并且质地类似皮肤,在塑性化妆中最为常见。

7. 医用脱脂棉

医用脱脂棉具有一定的厚度,质感柔软,可以撕扯,通常在伤效化妆中,根据具体形态的需要,撕或剪出理想的样式,配合酒精胶、油彩、血浆来达到自然的伤口效果。

8. 医用石膏

医用石膏兑水后,在一定时间内会变干变硬,通常在塑性化妆中作为翻模的工具使用,在使用医用石膏时要注意水和石灰的比例,以及翻模的时间。

9. 橡皮泥

在塑性化妆中,橡皮泥可以在阳模上进行塑造,捏出需要的形状,比如有人皮、弹口、刀口、皱纹等效果,再配以硫化乳胶,制作出特效妆所需要的材料。

3.2　皮肤的分类及日常护理

1. 皮肤的基本分类

皮肤可以分为五类:油性皮肤、中性皮肤、干性皮肤、混合型皮肤和敏感性皮肤,由于肤质的不同,所以护理及保养的方式也不尽相同。

2. 各种类型皮肤的日常护理

(1)油性皮肤。油性肌肤要选择清洁能力较强的洁面产品,在面部顺时针打转,由于 T 字区较油,可以采用珍珠粉在 T 字区按摩。在日常护理时,宜选用含油少、清爽、补水的护肤品,时刻保持肌肤水油平衡的状态。

(2)中性皮肤(介于油性与干性之间的一种皮肤)。平时要认真护理,由于这类人天生皮肤质感较好,所以容易疏忽,一定要注意护理,以免今后过早出现皱纹。在选择护肤品时,避免选择刺激性过强的,还应时刻注意保湿补水。为了防止长脂肪粒,不能使用含油性过多的护肤品。

(3)干性皮肤。清洁面部不久后会出现紧绷的状态为干性肌肤。切忌过度使用洁面皂等,平时需注意防晒、防热,进入秋冬干燥季节时,所用的乳和霜都应为保湿型的,少饮用含咖啡因的饮品。

(4)混合型皮肤。绝大多数女性属于这种肤质,额部、鼻子两侧及下颚等部位皮肤比较油腻,其他部位则比较干燥,在护理时需注意:针对不同的部位要选用两种护肤品,将清爽的护肤品用于 T 字区域及附近,保湿滋润的护肤品用于干燥的部位。

(5)敏感性皮肤。敏感性的皮肤尤其要注意平时对皮肤的保护,酒精及酸性含量过多的护肤品对肌肤的刺激十分大,不可使用去角质的产品,在护肤水的选择上,应选择有舒缓因子的喷雾来保湿。

3.3　化妆用品的保养与更换

化妆品是直接接触皮肤表面的产品,必须了解化妆品的保养及更换知识。

粉底:每日使用一次。粉底液的保存期为 2～3 年,粉底膏为 3 年,变质时会出现变味、变色等情况。

散粉:每日使用一到两次。变质时表面变得光滑

眼线饰品:每日使用一次。眼线液的保质期为半年到一年左右,眼线膏和眼线笔为 2～3 年左右。

眼影:每日使用一次。眼影粉的保质期为 2～3 年,变质时,粉会碎,呈细屑状态。

腮红:每日使用一次。粉状腮红的保质期为 3 年左右,变质时呈现变味、干裂等情况。

化妆刷:每隔两周,刷子就应用洗发液清洁一次,在清洁毛刷时,用笔毛进行拍打,不能刷抹,洗干净以后平放在阴凉处,自然风干。唇刷使用完后,蘸取清洁霜来顺着笔毛擦拭,直至干净,在保持笔的卫生同时,令唇膏色泽光明。

化妆，可以让生活更精致，
让心情更开怀

简单的妆容是一种对生活的尊重，
是赏心悦目的人生态度

第 4 章

美容化妆与造型

4.1 现代美容化妆概述

美容的概念产生于希腊,到了现代美容,就是使容貌美丽的活动和过程。广义的美容包括几个方面,通过各种美容工具或产品,提高皮肤的美丽和健康的程度;用化妆品或化妆工具创造出美丽的外貌;用按摩水疗等方式,清除人体疲劳和减轻压力;通过施行美容手术改造人的外部形态。狭义的美容化妆主要指用化妆品或化妆工具创造出美丽的外表,也就是本章将要讲的内容。

接下来,我们会根据化妆的步骤一一详细介绍各部分的化妆工具和技巧。俗话说,工欲善其事,必先利其器,对于化妆也是如此。其实化妆就好像画画,只是画布变成了人脸,画笔颜料变成了美妆工具。想要画一幅好画,画笔颜料的特性一定要有所了解,画布的纹理、质感也需要充分掌握,这样才能使画作呈现出最佳的效果。化妆亦然,知其然更知其所以然,就能更快更好地掌握化妆技巧,变繁为简。所以在本章中,我们会首先介绍各种美妆品和美妆工具,然后针对不同部位进行实际化妆操作,并列出需要注意的地方和技巧。以便日后根据需要,选择自己喜欢的化妆工具与画法进行自由搭配,打造最适合被化妆者的独一无二的妆容。

4.2 现代美容化妆的规范步骤

现代美容化妆基本分为以下 6 个步骤:清洁护肤、底妆、眉、眼、腮红与定妆和唇。

4.2.1 清洁护肤

清洁面部后,拍上化妆水,然后涂乳液,再用精华按摩脸部直到完全吸收,然后涂抹眼霜、面霜。清洁是非常关键的步骤,特别是对于每天化妆的人,犹为重要。

◆ 小贴士 ◆

如果觉得自己皮肤比较干,可以在涂完爽肤水后敷一片保湿滋润的面膜,如果有黑眼圈和唇纹,也可以事先敷眼膜和唇膜,这样上妆后,妆容会更加服帖,轻松打造盈透肌肤。

4.2.2 底妆

日常化妆中最重要的就是打造清透水润、白亮红润的肌肤,好的底妆就是不化妆都让人挪不开眼睛,自然达到裸妆的效果。

底妆包括以下 5 个步骤:隔离霜或妆前乳、粉底液、遮瑕、塑造脸型和散粉定妆。

1. 常用底妆工具

底妆常用工具有粉刷和粉扑。具体来说,粉扑的遮盖力会强一些,有的还用粉块沾水沾膏状的粉底使用,不过这样会使妆容看起来浓一些,粉刷上妆看起来淡雅、精致,最重要的是容易卸装,也不容易堵塞毛孔。

选购粉扑要注意,粉扑表面的绒毛一定要触感柔细滑顺,才能紧密地吸附蜜粉,打造出细致的粉妆。此外,为求粉体在粉扑表面附着均匀,会伴随有搓揉动作,因此粉扑本身要带点弹性才耐用,以免出现局部绒毛凹陷现象。

粉刷(图 4.1)柔软、平滑、触感好。涂粉时应首先使用粉扑,然后再用粉刷去掉面部多余的化妆粉。涂上粉底液后,可以用圆头的大号粉刷将散粉均匀地扫于面上;也可以用粉扑印上散粉后,再用粉刷将多余的散粉扫走。体积大的圆粉刷有助将散粉均匀涂于整个面部,柔软蓬松的刷头便于上妆。

2. 常用底妆化妆品解析

（1）妆前乳。妆前乳可以修饰肌肤色泽不均、暗沉的问题，局部使用能使肌肤修饰得完美无瑕，呈现出晶莹透亮的自然光泽肤质。妆前乳有多种颜色，一般来说浅绿色可以中和泛红肌肤、隐匿红血丝，水蓝色可以提亮肌肤、减淡黯沉，粉紫色能中和偏黄肌肤、提亮肌肤，柔粉色修饰、阳光色肌肤、呈现健康光泽，亮米色提亮黯沉肌肤、解决肤色不均的问题。

图 4.1　粉刷

（2）隔离霜。隔离霜是保护皮肤的重要物品。隔离霜对紫外线确实有隔离作用，而其实质就是防晒。隔离霜中所用的防晒剂和防晒霜中所用一样，通常分为有机防晒剂、物理防晒剂两类。有机防晒剂和紫外线作用，使原本对肌肤有害的紫外线，转变为无害；物理防晒剂（钛白粉，氧化锌等）主要是靠折射原理来阻挡紫外线。

小贴士

对于现代女性来说，美白是永恒的话题，而防晒是美白的重中之重。长期坚持防晒，你会发现自己越来越白。

（3）粉底。粉底的剂型很多，有膏状、条状、液状、粉状、饼状等。但无论是哪一种剂型，其基本都是由三种成分构成：油、水、颜料。图 4.2 所示为常见粉底剂型形状。

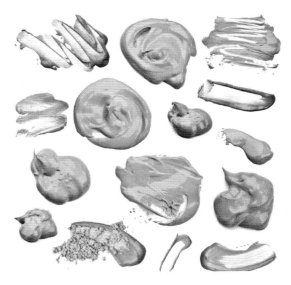

图 4.2　粉底剂型形状

油型:这种底色油质较多,易于涂抹,掩盖力和耐温性强,并且妆容保持时间长,用于化浓妆、油妆,适宜于结婚照相等,而且也适宜干性皮肤使用。

粉型:含颜料较多,油分、水分都较少,因此涂后比较柔和细嫩,适用于油性皮肤使用。

乳液型:底色含水分较多,而油、颜料的成分较少,化妆出来的效果是皮肤有光泽滑润感,透明度也强。它适合干性或中性皮肤,其缺点是遮盖力较差。

小贴士

在选择底色的色泽时,应选接近于自己肤色而又比较鲜嫩的颜色。如肤色苍白、发青、缺少血色,可选用粉红色,皮肤发黄的可选用紫色,肤色发黑可选用桔黄或略带棕红的颜色,色彩的选择不要反差太大。比如,肤色较深而涂了过浅的颜色,面部会出现一层很重的白霜,显得发青,有种恐怖感;如果脸色较白,涂了过重的色彩,则显得格外的肮脏,看上去很不舒服。所以色彩选择一定要适当,不能一味的为了白而白,而是应该与肤色巧妙地结合,这样的化妆才是成功的。此外,市场上还有 BB 霜、CC 霜。笔者认为就像洗发水有洗护分离,也有洗护合一一样,BB 霜、CC 霜就是底妆中的"洗护合一",当然其效用自然也是要打折扣的。不过如何选择还是因人、因时、因地制宜。

(4)遮瑕膏。遮瑕膏顾名思义就是用于遮盖脸上瑕疵的,遮盖性很好,比如脸上明显的斑或者痘,可以小面积的使用,否则就会不太自然。遮瑕膏是粉底都不能遮盖的肌肤小瑕疵的有力补充。

(5)修容粉。修容粉,也叫修容膏,也叫阴影粉,用于塑造脸型,有粉状有膏状,其特性与粉底类似,不过颜色略深,可以通过与粉底的颜色深浅对比,打造出更加立体、完美的脸型。

3. 底妆实操

如图 4.3 所示,将妆前乳挤出适量在手背,将其点在额头、两颊、鼻头和下巴上,然后用粉扑推开,推匀。接下来是隔离(或者 BB 霜),也是同样的操作。最后是粉底,方法同前。

图 4.3 妆前乳、隔离、粉底实操

涂底色的方法很多,有点涂、面涂、用海绵涂和用手掌涂等。无论采用什么方法,其最终目的是把各种粉底都能均匀地涂到面部,不要出现浓淡不匀的条纹,也不要发生任何斑状的现象。特别应注意,面部不易涂敷的地方,如鼻翼、鼻尖下、下眼睑睫毛等处,要仔细抹均匀。切忌涂得过重。一般的涂抹规律是从上向下、由里向外,按照肌肉的走向轻轻涂抹,尽量涂得薄匀,效果才会自然生动。

遮瑕的时候将遮瑕膏点在黑眼圈、鼻翼、唇角处,注意面积不要大。然后用化妆刷或者粉扑轻推,使之服帖、自然,与周围肤色均匀。如果有痘印,则直接将遮瑕膏点在痘印上,也可以用化妆刷的笔杆末端蘸取少量遮瑕膏点在痘印上,然后用粉扑按压,痘印基本都可以盖住,剩下的痣,待遮瑕膏略吸收渗透后,再重新点一遍,让其遮瑕效果更好。

用干净的眼影棒轻轻按压,让遮瑕膏看起来不会太厚重,跟皮肤边缘颜色能更好地连接起来。选取遮瑕膏要选择比自己皮肤颜色稍微深一点的,这样看起来自然。

接下来就是修容,按照图 4.4 所示进行涂抹即可。

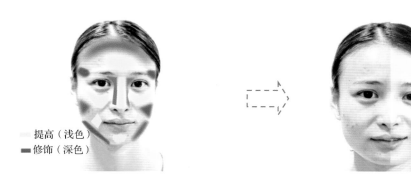

提高（浅色）
修饰（深色）

图 4.4　修容

要打造出自然的裸妆效果,最关键就是看起来轻薄透气的底妆。用深浅不同的底妆代替修容,效果会更加自然。不过不同肤色选择底妆颜色也稍有不同:一般肤色,用在脸部中央的浅色粉底要选择比自己肤色亮一个色号,用在脸部两侧的深色粉底要选比自己肤色深两号的;如果本身是小麦肤色,用在脸中央的浅色粉底则要浅两号,深色粉底选择适合自己肤色的就好。在这里也要提醒大家,上述步骤都不是必须的,可以根据被化妆者的状况和需要呈现的妆容自由删减。

为了使之前的底妆保持效果,并且方便后续上妆,此时需要再用粉扑或者粉刷在脸部扫一层粉底或者蜜粉。可以用刷子蘸取蜜粉后甩一甩,以免妆容过厚。

4.2.3 眉

首先普及一下眉毛的知识,靠近眉心的地方,也就是比较粗的一端是眉头;较细的一端是眉尾,眉毛中的最高峰处是眉峰。眉头与眉峰之间叫眉端;眉峰与眉尾之间叫眉梢。标准的眉毛,从眉头到眉尾之间的距离是 4.5 cm;眉峰的位置是在整个眉毛的 2/3 处,也就是距眉头 3 cm 处;高度(眉毛的最低点与最高点之间的距离)大概是2.5 cm。标准眉眉头的部分比较淡,眉尾处浓密一点。

眉形也是随时代发展不停变化的,并不是说一定是标准眉才好看,现代人追求个性和与众不同,不同的眉毛会带给人不同的感觉。所以在现代美容妆中,只要是适合被化妆者的眉毛就好,并不要求千篇一律。

1. 眉形解析

眉形应该与脸型搭配,一般来讲,搭配方式如图 4.5 所示。

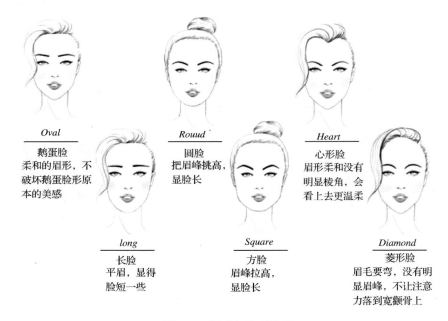

图 4.5　眉形与脸型搭配

2. 眉形美妆工具与妆品解析

(1)眉形美妆工具(图 4.6)

修眉刀,用来刮掉眉毛杂毛。

镊子,用来拔眉毛,用镊子的时候要夹住眉毛的根部,然后顺着生长的方向拔。

小剪刀,用来修剪眉毛。眉毛太长会影响到眉形,但是如果拔掉又会出现空缺,就需要用到这个。

修眉剪,跟小剪刀的功能有点类似。有些人眉毛特别浓密,就需要用到这个,使用时梳子那一面贴着眉毛,逆着眉毛梳,然后把从梳子里钻出来那部分剪掉。使用时一定要注意一点一点地剪,剪多了会使眉毛颜色不均匀甚至出现空缺。

螺旋刷,用于梳理和晕染眉毛,修眉毛和画眉毛的时候都要用到的,是必不可少的实用小工具。

眉刷,用眉膏、眉胶或者眉粉的时候需要用到,眉刷会因为毛的密度、厚度、弹性等的不同,用起来感觉会有所不同。毛比较硬,侧面看比较薄比较集中的,适合用来画眉尾比较容易画出来形状的地方。毛比较松软一些,侧面看比较厚,就适合用来上色和不需要画出精准形状的地方。也可用于眼部打底,在上眉部产品前作打底用。如果眉毛容易脱妆,可以用眼部打底再上色,可以帮助颜色形状更持久。

(2)画眉妆品

画眉妆品包括几种不同的剂型:粉状,膏状,笔状,液体状等。具体为眉粉,眉膏,眉笔,液体眉笔,染眉膏。眉粉、眉膏都是用眉刷蘸取来画眉。

眉粉的颜色比眉笔淡且自然,适合眉形清楚的人使用。眉膏可以固定乱翘的眉毛,让眉型更立体,眉色不够浓密的人,先画出眉色再刷眉膏,才有修饰效果。

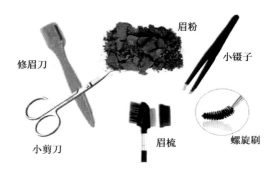

图 4.6　眉形美妆工具

眉笔用来画出背骨线和下围线,可画出清晰眉型。选择与眉色较接近的颜色,最佳眉笔颜色是褐色与咖啡色,颜色较为自然。笔芯要细,较易画出纤细的线条。笔芯软硬适中,较容易上色。用眉笔画出眉型后,再用螺旋刷整个刷过一遍,眉色更均匀自然。

液体眉笔长得像眼线液,但是颜色是淡淡的,相对来说比普通的眉笔要持久,而且笔头很细容易画得细致,适合用来画眉尾。用眉笔液前,先用棉花棒把眉毛上的乳液、隔离霜擦干净,这样眉色更持久。

染眉膏用来改变眉毛颜色和定型用。能自然调整眉色,还能让眉型立体,要有眉毛的人才可以使用。抽出染眉刷后,先在面纸上蘸掉多余染眉膏再刷,使用染眉膏要从毛根开始涂刷,由眉尾向眉头,朝毛流相反方向涂刷,再顺毛流刷上染眉膏,眉色会更明显。

3. 眉的美妆

画眉原则是眉尾浓密,眉头稍淡。可以根据妆容需要,先进行修眉(图4.7)。

然后用深色眉粉或眉笔(图4.8)勾勒出需要的眉形。以眉笔刷沾着适量的眉粉,先在手背上把眉粉颜色调匀再画,才不会浓淡不均,先画眉峰到眉尾,由向上生长(前段)、与向下生长(后段)的眉毛交会处开始画,以不超过眉尾、不超过眉毛上缘来描绘。已经画了浅浅的眉毛轮廓,就可以发现长又往下长的不齐眉尾,用小剪刀的弯头就可以很顺利的修剪出弧形。对眉毛比较浓密的人来说,上下边缘之间用眉粉补满,是最好的方法,补足中间没上色的地方,要顺向、逆向的刷过让颜色均匀。整个眉毛最淡的地方应该在眉头,用最浅色的眉粉点刷,蘸粉之后先在面纸上抖落一下,粉量就会刚好。

用更浅一色的眉粉描绘上方轮廓;眉头与眉尾以外的地方,在上方轮廓处用浅一色的眉粉轻轻带过,就可以制造上浅下深的立体感。如果要上染眉膏的话,前端到眉尾都要上染眉膏,前半段顺着毛流由下往上,后半段顺着毛流由上往下刷,最后全部顺刷一次就完成了。染眉膏不能直接刷上去,太厚重会在眉毛上结块,先在面纸上蘸掉一点,细致地刷几次会更自然。

图4.7 修眉　　　　　　　　　　图4.8 画眉尾

小贴士

可以用眉笔看看鼻翼到眉尾大概呈现45°左右,当然也可根据需要延长或减少。画完眉头后,可以将眉粉涂在眉头与鼻根的三角处,这样可以用阴影塑造更为挺翘的鼻梁,使五官更立体。

4.2.4　眼

不同的眼形要用不同的眼线来弥补和修饰。这里介绍几种主要的眼形和画法。

1. 眼形分类

(1)上扬眼/猫眼画法(图4.9)。画上眼线时,在眼尾处应适当加粗,同时以斜向上大约30度的角度将眼线尾端自然上挑。然后,在眼尾处不到1/3的地方画下眼线,最后将上下眼线连接在一起。适合丹凤眼、杏仁眼,适合椭圆脸型。

(2)拉开眼距画法(图4.10)。拉开眼距画法的难度可能较拉近眼距的稍大些,需要将眼部的重点转移到尾部。首先从眼睛的3/5位置开始向眼尾画出上眼线,接着与眼尾处的1/3下眼线完整连接,这样在视觉上眼距就明显拉开了。该画法适合眼距较近的人,适合任何脸型。

图4.9　上扬眼　　　　　　　　　　　图4.10　拉开眼距

◆◇ 小贴士 ◇◆

建议在眼头处淡黄色的部分加上些许浅色的高光色,如浅金、浅肤色或者是白色系都行,这样拉眼距的效果更为明显,如图4.10所示。

(3)下垂眼/狗狗眼画法(图4.11)。下垂眼需要将原本正常上翘的眼尾弧度变得平缓,因此需要从下眼睑1/2处开始向眼尾画出逐渐加粗的下眼线,眼尾与上眼线以圆润的线条过渡融合,即可打造出眼角垂坠感十足的狗狗眼了。适合较圆眼型,适合圆脸型、椭圆脸型。

(4)拉近眼距画法(图4.12)。想要让自己眼角放大,眼距缩短的话,先上好基础眼线,然后在眼头将眼线自然连接过渡到下眼角的约1/3处。这样才能起到拉近眼距的目的。这种画法适合眼距较开的人,任何脸型。

图4.11　下垂眼　　　　　　　　　　　图4.12　拉近眼距

(5)长眼画法(图4.13)。长眼的关键在于眼尾的描画,眼尾的长度要控制好,同时还需掌握微微上翘的弧度。画下眼线时适当地拉长眼线尾部的线条,同时稍稍勾勒出自然上翘的弧度,然后保证其连接的平滑度就行了。适合较窄和较长眼型,适合椭圆脸、V形脸。

（6）圆眼画法（图4.14）。圆眼一般都显得较为平易近人，而且视觉给人感觉眼睛变大了。想要打造圆眼效果就一定要注意扩大黑眼球的直径，所以，在画眼线时需在瞳孔正上下方进行加粗，而且应该是中间粗两边细的描法，这样不仅能呈现出弧形线条状，而且更为自然。适合小鹿般的圆眼和略带婴儿肥的可爱脸型、较方的脸型。

图4.13　长眼　　　　　　　　　　　图4.14　圆眼

2.眼妆工具解析

眼睛是心灵的窗户，一个神采飞扬的眼妆，时刻予人精神爽俐的感觉，所以眼妆很重要，打造精致眼妆，眼妆工具（图4.15）必不可少。

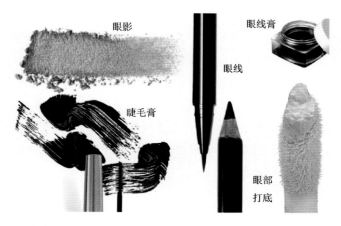

图4.15　眼妆工具

遮瑕膏（眼部打底），可以说是画好眼妆的最基本的一步，它可以将浮肿的眼袋和黑眼圈遮掉，还有滋润减少鱼尾纹的功效，为眼周围打好底色。

双眼皮贴，双眼皮贴是单眼皮女生的救星，粘上双眼皮贴会使得眼睛更大更有神，即使是双眼皮女生也会贴，因为双眼皮贴可以调整双眼皮的位置，让两只眼睛看起来更加协调。

眼线笔，是眼妆必不可少的工具，它可以有效地改变眼形，更加突出眼睛的轮廓，也有放大眼睛的效果。

眼影，各种各样色彩丰富的眼影总能给人带来不同的感觉，粉色甜美可人，紫色俏皮可爱,绿色青春活泼。每种颜色都赋予着不同的美。

睫毛膏,每个女生都希望自己有洋娃娃般卷翘的睫毛,睫毛膏可以说是完成众多女生的梦想,功能十分多,浓密的、卷翘的、增长的,满足了不同人的需求。

假睫毛,对于不满足于自己睫毛长度的女生来说,假睫毛可谓是应运而生,通过不同的睫毛款式来改变眼妆的独特性。

3. 眼的美妆

如图 4.16 所示,首先是对眼部进行打底,以免晕妆,形成熊猫眼。同时打底可以有效遮盖黑眼圈、大眼袋等肌肤状况。

其次,用眼线膏(笔)细致地画上眼线,眼尾处可以微微往上挑。眼线一直从眼头延伸到下面,下眼线只需在眼尾稍微画一点即可。用黑色眼影微微晕染下眼睑。在上眼皮均匀地涂上一层大地色系的眼影,大面积抹开,同时还要注意画出层次感,一般按照外浅内深的原则进行涂抹。下眼睑再微微用颜色较深的眼影进行晕染。

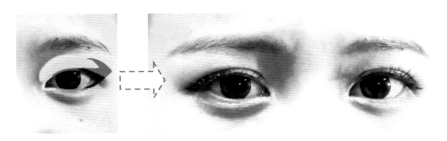

图 4.16　眼妆

⬦•❖ 小贴士 ❖•⬦

可用高光的眼影在眼睑的眼球处点一下,这样可以使眼睛在眨动间更明亮动人。

最后用睫毛夹把睫毛夹翘。如图 4.17 所示,准备好假睫毛,涂好假睫毛专用胶,然后把假睫毛细致地粘上去。有时候睫毛与假睫毛卷翘程度不一致,很容易形成双层睫毛,极不自然,这时可以用睫毛夹再夹一次,注意不要太过用力,否则会将粘好的假睫毛扯掉。或者直接在假睫毛上面涂睫毛胶,使两层睫毛相粘。如果是这样,卸妆时一定要注意,避免睫毛被拔掉。眼睛的细节部分都要认真处理,不然会看起来不自然。

图 4.17　假睫毛

━●小贴士●━

如果黑眼圈较重,又没有遮盖力较好的粉底,可以使用柠檬黄色的眼影涂抹在黑眼圈处,也有一定的遮盖效果。在选用眼线笔或者眼线液时,我们会选择不易晕妆的产品。但是不易晕妆就意味着不易清洗,需要使用专门的眼部卸妆液进行清洗。睫毛膏和假睫毛可以在定妆完成后再涂抹,以免散粉附着在睫毛上,影响妆容整洁。

4.2.5 腮红与定妆

1. 妆品与定妆工具解析

(1)腮红妆品。

腮红有多种剂型,有粉状、膏状、液体状等。当然用得最多的还是粉状的,易于掌握和刷出层次感。具体而言,腮红有以下种类和特性。

①液状腮红:含油量少,或是不含油,使用液状腮红要小心控制涂擦晕染的范围,适合偏油性的肌肤使用。

②慕斯状:质地清淡,一次用量不宜太多,以多次覆盖方式涂擦,效果会比较自然。适合偏油性的肌肤使用。

③乳霜状:质地柔滑,一次用量不宜太多,控制不好面积就会越擦越大、适合偏干性肌肤使用。

④膏饼状:适合搭配海绵使用,延展效果较佳。可以制造出健康流行的油亮妆效,适合偏干的肤质使用。

⑤粉末状:质地轻薄,容易控制涂擦范围,适用于初学者和偏油性皮肤使用。

不同的脸型对于腮红的位置有细微的差别,如图4.18所示。

━●小贴士●━

购买腮红时要注意腮红与肌肤的融合性,可以在手背上试用腮红的质感,除了要观察融合程度,还要注意腮红在肌肤上实际效果。如果是膏状腮红,要注意推展性。如果是粉状腮红,要注意附着力。偏黄的肤色适合橘色或粉色系的腮红,可以呈现出健康的色泽;偏黑的肤色适合橘色的腮红,要注意粉底不要搭配过亮的类型。在气温比较潮湿的地方,选择粉状腮红比较不会感觉过油或是容易脱妆,而且颜色的浓淡比较容易控制,便于补妆。

腮红刷是刷涂腮红的工具,比蜜粉刷稍小的扁平刷子,刷毛顶部呈半圆排列。常见的腮红刷主要有马毛腮红刷和羊毛腮红刷两种,另外还有灰鼠尾毛腮红刷,松鼠尾毛腮红刷则较少使用。腮红刷的斜口设计更利于刷涂腮红位置的结构感,一些圆头的大小适中的刷子也可以用来刷涂腮红或者暗影,关键是对手法的掌握。一般步骤是:调整腮红的量,沾了腮红的刷子,垂直甩在面纸上,或用刷子前端,轻碰面纸,让余粉掉落;铅笔式拿法就像拿铅笔一样的方式拿刷子,较好掌控力道及刷子的方向,然后轻点腮红膏于笑肌上;以菱形海棉从笑肌斜后方向均匀推开,避开眼睛周围;蘸取腮红粉于腮红刷上,从笑肌上拉至发际处,再由前往后轻刷3下。

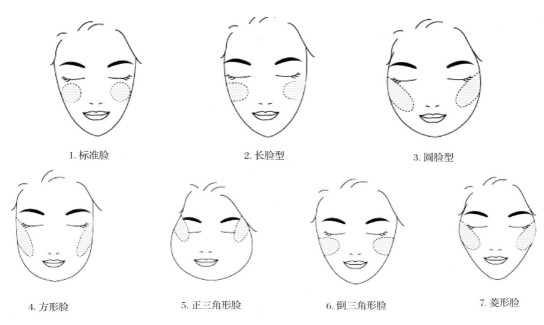

1. 标准脸　　　　　　　　2. 长脸型　　　　　　　　3. 圆脸型

4. 方形脸　　　　5. 正三角形脸　　　　6. 倒三角形脸　　　　7. 菱形脸

图 4.18　腮红画法

◆ 小贴士 ◆

腮红刷需要毛厚且轻盈,选择动物毛刷最为合适,刷毛要大而松软,制作精良。

(2)定妆工具包括蜜粉和蜜粉刷或者粉扑。

2. 腮红、定妆实操

使用腮红刷蘸取深色腮红,将刷子压扁,从眼尾往下顺着刷过颊缘。再使用腮红刷蘸取蜜桃色腮红,大面积刷在笑肌处。接着蘸取橘色腮红,刷在笑肌顶点的下方。蘸取带有珠光的银白色修容粉,轻刷在眼下三角形处,有提亮的效果。

◆ 小贴士 ◆

腮红主要是让气色看起来有自然的红润,所以除非是为了特殊的妆面效果,颜色不要过浓。在化妆时要注意模拟实际使用的光线。腮红有修饰脸型的作用,所以要注意腮红的位置。画腮红之前明确模特的脸型,以便于选择适当的腮红形状。

旋转散粉刷完成眼部妆容。用散粉刷取适量蜜粉,轻轻拂掉多余粉体。将散粉刷轻轻横放并贴合于眼部肌肤,缓慢旋转,由内眼角移动至外眼角。此时,散粉刷不要离开肌肤。面积较大部位如画圈般涂抹,如在两颊及额头等面积较大部位涂抹蜜粉时,以大幅度画圈的方式

图4.19　腮红定妆

扫上蜜粉。注意不要破坏先前涂抹的粉霜。最后用手轻触肌肤，确认是否细腻舒爽，完成定妆，如图4.19所示。

◆小贴士◆

使用蜜粉扑，先从面积较大部位涂抹。用蜜粉扑取蜜粉，之后用双手轻轻揉夹，令蜜粉扑切实含取粉体。从两颊等面积较大部位开始轻放至整个脸部。

细小部位将蜜粉扑对折涂抹。将蜜粉扑对折，用圆面在眼部下方、T区、鼻翼等细小部位和容易晕妆部位涂抹蜜粉。若使用散粉刷轻扫多余粉体，则妆效更佳。

◆小贴士◆

若散粉刷离开肌肤或间断式涂抹，则会涂抹不均，切记要顺着脸面移动散粉刷。粉扑蘸取蜜粉后，先在手上对折搓揉后展开，让粉体附着均匀，接着依照由内往外、由上往下方向，从脸颊、额头、鼻梁及下巴轻拍移动，力道务必轻柔，以免将之前的底妆拭去。

4.2.6　唇

1. 唇的基本结构

唇的位置：由鼻尖至下巴分成二等分，下唇的下线，则在二等分处。

唇的结构：上唇、下唇、唇峰、唇谷、唇珠，如图4.20所示。

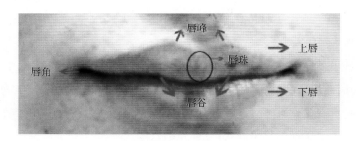

图4.20　唇的结构

2. 唇妆工具与妆品解析

唇线笔。唇笔是用来进行唇部轮廓的描绘，当然你也可以直接当口红使用，在唇妆前，先用唇笔描绘唇部轮廓，这样在上口红时更加贴切，唇部线条明显。唇线笔有我们意想不到的效果，尤其是选择对了，使用起来好比魔术棒一样，可以防止我们的口红晕染开。但是要注意的是，唇线笔用得不好或者太过明显会显得老气和过时。

口红。对于管状口红来说，不同的色彩和质地是可以改变一个女人的气质的，从温婉尔雅到性感尤物,都是口红来改变的。当前口红有哑光、丝绒等质地,关键看妆容要求。口红是最常见的唇妆工具,相比其他而言它着色度较高,但滋润度较差,在使用前往往需要用一只唇膏进行唇部打底,否则直接使用口红会导致唇部干涩着色不均匀。

唇彩。对于一个口红来说,根据场合和穿着的需要,有可能我们需要一个可以帮助它提亮的工具,就是唇彩,而唇彩也分含珠光和不含珠光的。唇彩的着色度最高,且滋润度也最高,使用唇彩时不需要进行唇膏打底,尤其是红色、玫红色等颜色较重的唇彩。在上完唇彩后不仅着色度非常高,而且唇妆保持得时间也较长。美中不足的是唇彩会略显油腻,很容易黏住发丝。当然现在市场上新品层出不穷,一款哑光的唇彩已经解决了油腻这个问题。

唇蜜,常以管状体形式,比唇彩着色度低,湿润度高,同时也更为油腻,唇蜜往往有亮片成分,上色后唇部会显得十分晶莹剔透,当然同时也比较油腻。

唇冻。往往需要配备唇刷使用。唇冻一般呈固体状,在使用时需要用唇刷蘸取上色,着色度较低,比口红湿润度高,比唇蜜油腻感低。

唇刷,可以决定唇部线条和口红的多少。

遮瑕膏。画唇线的时候我们都知道,需要根据本来的唇形来塑造,可是当我们需要改变唇部的轮廓或者需要重新塑造唇部时,就要使用到遮瑕膏来改变原来的痕迹。

◆● 小贴士 ●◆

餐巾纸是我们经常使用的用品,在打造唇形时,它可以帮你吸去多余的唇彩,或者打造裸妆效果的时候使用。

3. 唇的美妆

用粉底液遮盖唇边的细纹等瑕疵,突显出唇形轮廓。如果选用的是较浅颜色的口红,还可以在唇上打上一层薄薄的粉底,掩盖住本来红艳的唇色,使淡色的口红更显效果。

图 4.21　唇的美妆

　　如图 4.21 所示,先从中间开始往两边,在下唇涂上口红。因为嘴唇的饱满感一般是在下唇处体现的,所以这里的口红可以稍微涂厚些。上下唇抿一抿,让唇色均匀地分配在上下唇。再用口红仔细地修补上唇的山字部位,同样注意不用越出轮廓范围。在唇部的中间稍微涂上唇彩,使双唇更显饱满且有光泽。注意要选用和口红同色系的唇彩,以免形成太大反差。

　　最后我们来整体看看妆前妆后的变化,如图 4.22 所示。

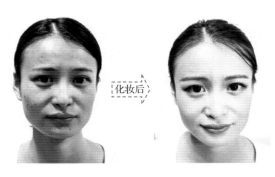

化妆后

图 4.22　妆前后对比

认真的女人最美，
职业的女人最有魅力

美是一种气场，千秋无绝色！悦目是佳人！

精致的妆容，优雅大方，散发知性之美

第 5 章

职业化妆与造型

5.1 职业妆的面部基本知识

职业妆适合任何职场女性,在日常的社交生活中,一款适合自己的职业妆能让人在与他人接触时,给对方舒服的感觉,展示出自己的自信、温文尔雅之感。

5.1.1 职业妆的面妆

职业妆的面妆要清透,给人自然、庄重、知性的感觉,一定要以保持本色为原则,采用淡妆的形式。粉底应选用液态的、具有保湿效果的粉底,颜色上的选择以健康肤色和小麦色最为适宜,在亮部可采用偏白的象牙色进行提亮,职场女性一定要随身准备散粉或者粉饼,以备补妆时的需要。

5.1.2 职业妆的眉形

职业妆通常给人干练、精神、庄重之感，而眉毛是最能展示一个人神态的部位，因此，职业妆的眉毛在保持个人特色的同时，应将眉峰修得稍尖锐一些。当眉毛杂眉较多时，可用小剪刀配合刮眉刀修剪出清晰的形状，让人焕发出神采奕奕的状态，切忌过粗、过深、眉尾低于眉头的眉形。

5.1.3 职业妆的眼妆

眼影：职业妆的眼影忌讳颜色过于跳跃的眼影，可以选用大地色系以及淡蓝色系，这样的眼影能让眼部显得清爽亮丽。

眼线：眼线选择黑色的眼线，边缘线要描绘得顺畅流利，不能过粗，在尾部可适当轻轻地向上勾画，塑造干练利落的印象。

睫毛：睫毛膏的颜色要适度，在刷的过程中注意用量，避免造成"苍蝇腿"的效果，以黑色为主，注意每一根睫毛之间要分明。

5.1.4 其他

腮红：利用柔和的色彩，增加面部的血色，面积不可过大，根据脸型选用适合自己的腮红颜色及涂抹位置。

唇妆：职业妆的唇色应选用粉色、橙色、淡红色系列，唇形要自然，将口红点于上下唇中间部位，轻轻抿开。

5.2 职业妆的发型基础知识

5.2.1 发型与脸型

脸型可分为以下 6 类：椭圆脸、圆脸、长脸、方脸、正三角形脸、倒三角形脸。

1. 椭圆脸

椭圆脸是理想的脸型，这种脸型适合任何一种发型，额头饱满、轮廓圆润，给人善良、温和的感觉，多款发型都可塑造出和谐自然的效果。

2. 圆脸

圆脸给人可爱、温柔的感觉，在发型的选择上，应将两侧的头发稍作修饰，将脸部圆的部分盖住,这样能显得脸长一些,可以露出额头,同样可以把脸型显得长一些。

3. 长脸

长脸要避免将面部全部露出,不适合长直发,可以选择稍微蓬松的短发,适当的留一些刘海,刘海过眉毛一点最为适宜。

4. 方脸

方脸选择发型时要注意选择柔和的发型,不适合短发,发型的内轮廓线要做得圆润,减弱方方的感觉,可以将刘海吹成弯曲状,来减弱面部的硬线条感。

5. 正三角形脸

正三角形脸适合刘海打薄,可剪成齐帘,不适宜长直发。

6. 倒三角形脸

头顶的头发不能蓬松,如果是长发,可在两侧进行造型,吹得稍微蓬松一些,以拉宽下部的宽度,用以减弱上下的对比。

5.2.2　职业发型基本款

1. 短发

短发是较为理想的办公室发型,给人精明、干练、精神的感觉。

2. 束发

将头发扎起来,利用发胶将毛躁的头发梳理平整,头型缺陷的地方可以用打毛的手法,让发型看起来圆润。

3. 盘发

将头发梳成马尾,发绳的位置位于两耳中间点,利用发胶和间隙较细的梳子,梳理出理想的头发纹理,将马尾沿顺时针方向扭进发髻中,用发网罩住发髻。

5.3　职业妆的服装造型基础知识

5.3.1　服装色彩的选择及搭配规律

在选择服装时,不同的色彩给人的心理感觉是不同的,在职业妆中,多采用同类色搭配技巧,同类色搭配就是色相相同、深浅不一的搭配方法,其特点比较简洁,具有协调、柔和的特点。

白皙皮肤:此类皮肤拥有较好的底子,大部分的颜色都能衬托出白皙皮肤的亮丽动人。

在选择色彩时,应首先选择黄色系和蓝色系的服饰,另外还有淡粉色等明度较高的红色系也极为适合。

深褐色皮肤:这类人群的肤色在选择时要避免过浅的颜色,因为颜色过浅会显得人更加黯淡无光,譬如咖啡色系、深红、深绿都比较适合,忌讳选择蓝色系的衣服。

淡黄色皮肤:这类肤色的人群在选择职业装时,应穿着冷色系的服饰,避免黄色、橘红色等,否则会让皮肤显得更加暗黄。

小麦色皮肤:黑与白都能衬托出拥有小麦色肤色的职场人士健康活泼的感觉,以及深蓝、深灰等沉稳色。

5.3.2 职业装样式选择技巧

1. 显露威严的服饰

正装可以灰色调为主,搭配粉色或白色进行局部的装饰,可适当选用反光饰品,例如一块得体的手表等;正装也可以藏青蓝为主色调,以灰色或白色作为衬衣的选择颜色

2. 让人积极向上的服饰

颜色上避免前面所说到的不适合自己的颜色以外,尽量选择亮色调的服饰,同时需注意到服饰中明暗对比的关系,如果大面积选用亮色会让观者感到轻浮与不安,可以在鞋、腰带、领带、领结等方面选择暗色,进行点缀。

5.4 职业装整体搭配技巧

一个形象,是否美好得体,是从观者的感受去判断,即要让观赏者从头到脚感到舒服,因而,职场中的形象与发型、妆容、服饰的搭配很讲究。妆面的色调与服饰的色调要呼应,发型的色彩风格与服饰、妆面也要搭配自然、和谐。

1. 黑发的搭配技巧

肤色:打底要接近自己本身的皮肤色彩。

妆面:以浅冷色系为主色调配以红色系。

发型:发型适合盘发、束发。

服饰:正装服饰选择黑、白、灰以及红色系的点缀。

2. 棕发的搭配技巧

肤色:肤色应尽量白皙,如果皮肤本身不白,切记染棕色的头发。

妆面:妆面适合雅致的灰色系列,淡妆最为适宜。

发型:直发、齐耳短发。

服饰:正装服饰选择黑、白、灰、卡其色、棕色、蓝色。

5.5　新闻主播妆介绍

5.5.1　电视新闻主播化妆

新闻类主播化妆,由于新闻的节目形式和内容都比较严肃,所以此类主持人的整体造型要求大气、正直、端庄、稳重。增强主持人的权威性和可信度。在考虑当下流行趋势的同时更应注重节目需求,不能盲目追求流行和个人喜好。

电视新闻主播化妆示例见图 5.1。

图 5.1　电视新闻主播化妆

1. 妆面要求

清晰、自然的妆面为主。使用的颜色相对较少,以接近肤色的咖啡色系使用较为常见。此类主持人多以正面面对观众,动作幅度小。而节目制作时大多采用正面光,会减弱面部的立体感。所以要注重脸型轮廓的修饰,突出面部的立体感。

2. 发型要求

干净、饱满的发型为主。露出眉毛,多以短发居多。发色主要以黑色或亮度低的深褐色为宜,切记不能用色彩艳丽的发色。

3. 服装要求

端庄大方的职业装为主。内搭的衣服不宜有大面积的肌肤裸露。领口不宜低于腋窝。服饰的色彩搭配通常以明度较暗的深色系为主。特殊节气或特殊需求时可以采用色彩艳丽的暖色系。几乎不用配饰。在搭配服装的同时应考虑背景色和搭档的服装色彩。整体要给人沉着冷静的感觉。

4. 皮肤化妆

新闻类主播化妆最重要的是让画面中的脸比实际的脸看起来小。电视中经常会有特写镜头,在打底的时候应该表现出皮肤的细腻和干净。面部有油分的话会让皮肤显得不干净,所以一定要把面部的油分处理好。在选择粉底的时候可以选择与肤色一致或比自身肤色亮一号的颜色。为了使五官显得立体,鼻侧影、两颊、发际线以及颧骨处都应该使用阴影粉来修容。

5. 眼妆

眉毛的颜色要与头发的颜色相协调,通常情况下,要比发色浅一色号,颜色不要太深。如果发色是黑色,眉色则用深咖啡色为宜。眉形要干净整齐,多以 1/3 眉峰的标准眉形为主。

眼影可以使用自然的粉色、咖啡色、粉＋咖啡色、橙色系。眼线自然,不夸张。让眼睛显得清晰、有神。睫毛自然,涂睫毛膏就可以了。或者贴很自然的假睫毛,注意不能选用过长、过浓密的假睫毛。

6. 唇妆

通常把裸色和粉色混合使用,再加一点哑光的唇膏。

7. 腮红

选择淡粉色或是淡橙色,用肌肉打法,使面部轮廓显得更加清晰。

5.5.2　谈话类主持人化妆

谈话类主持人化妆,由于节目性质大多贴近生活,所以主持人的形象尽力做到生活化的同时,应体现出亲切、大方、知性的感觉,增强主持人在节目中的亲和力,示例见图 5.2。

1. 妆面要求

清新、自然的妆面为主。使用的颜色可以是彩度较低或暖色系居多。此类主持人体态动作稍多。适当的调整面部结构,稍显面部的立体感就可以了。避免主持人在扭头的时候两颊颜色太深,所以在修容的时候不宜太过明显。

2. 发型要求

可以采用干净整洁的披肩卷发,或是蓬松的短发。发色主要以黑色或亮度低的深褐色为宜,切记不能用色彩艳丽的发色。

3. 服装要求

选择简洁、大方的职业便装或者款式简单的裙装,总体上选择相对自由。颜色上可以选择无色系的黑白灰、"间色"或者"复色"以体现主持人的时尚感。但是切记不可以过于追赶潮流,选择过于个性的服装。

图 5.2　谈话类主持人化妆

4. 皮肤化妆

整体妆容要求清淡,使用质地较为轻薄的粉底。减少使用质地较厚和带有珠光效果的打底化妆品。切记不要让妆容显得浮夸,多以反光效果较小的雾面底妆为主。

5. 眼妆

眉毛的颜色要与头发的颜色相协调,通常情况下,要比发色浅一色号,颜色不要太深。如果发色是黑色,眉色则用深咖啡色为宜。眉形要干净整齐,眉形以稍带眉峰的平缓型眉形为佳,给人更佳的亲和感。

眼影可以使用自然的棕色或者大地色。涂抹时上眼影的范围不要太宽,掌握在双眼皮褶皱以内为佳,可以稍微强调下眼影的眼尾三角区。眼线自然,不夸张,使眼睛显得清晰、有神。睫毛自然,贴很自然的假睫毛,注意不能选用过长过浓密的假睫毛。

6. 唇妆

通常把裸色和橘色混合使用,再加一点裸色唇彩提亮。

7. 腮红

选择淡橙色,用肌肉打法,使面部轮廓显得更加清晰。

5.5.3　外景报道主持人化妆

外景报道主持人化妆,由于受室外光线条件的影响,所以在化妆的时候更应该掌握好妆面的颜色和整体造型的一个设计。整体的感觉应该是正直、大方、知性的感觉。

外景报道主持人化妆示例见图 5.3。

图 5.3　外景报道主持人化妆

1. 妆面要求

清新、自然的妆面为主。使用的颜色可以是彩度较低或暖色系居多。由于受室外光线的影响并且此类主持人体态动作稍多。在适当的调整面部结构的时候不要过重强调阴影的修饰。避免主持人在扭头的时候两颊颜色太深,所以在修容的时候不宜太过明显。

2. 发型要求

可以采用干净整洁的披肩直发,发尾外翻或内卷皆可。发色主要以黑色或亮度低的深褐色为宜,切记不能用色彩艳丽的发色。

3. 服装要求

选择简洁、大方的职业便装或者款式简单的裙装,总体上选择相对自由。颜色上可以选择稍微艳丽的色彩,但是切记不可以过于追赶潮流,选择过于个性的服装。

4. 皮肤化妆

整体妆容要求清淡,使用质地较为轻薄的粉底。减少使用质地较厚和带有珠光效果的打底化妆品。切记不要让妆容显得浮夸,多以反光效果较小的雾面底妆为主。

5. 眼妆

眉毛的颜色要与头发的颜色相协调,通常情况下,要比发色浅一色号,颜色不要太深。如果发色是黑色,眉色则用深咖啡色为宜。眉形要干净整齐,眉形以稍带眉峰的平缓型眉形为佳,给人更佳的亲和感。

眼影可以使用自然的棕色或者大地色。涂抹时上眼影可以用浅棕色无珠光眼影为眼睛打底,为眼睛画出阴影感,再用深咖色从眼尾向眼头一点点晕染,注意过渡一定要自然,深色的眼影范围也是不易太宽,掌握在双眼皮褶皱以内为佳,可以强调下眼影的眼尾三角区。眼线自然,不夸张。让眼睛显得清晰,有神。睫毛自然,贴很自然的假睫毛,注意不能选用过长、过浓密的假睫毛。

6. 唇妆

通常根据衣服的颜色搭配纯色,同色系为佳,再加一点裸色唇彩提亮。

7. 腮红

选择淡橙色,用肌肉打法,使面部轮廓显得更加清晰。

5.5.4　综艺播报主持人化妆

娱乐类节目主持人的造型设计是最具个性和时尚感的一类。节目的受众体主要是以年轻人为主,所以此类型的主持人造型可以追随个性和时尚的流行趋势。妆面色彩的服装色彩通常比较艳丽,以体现年轻人的活泼感。加入当下流行的元素和色彩,增强受众人的视觉体验和审美满足,如图 5.4 所示。

图 5.4　综艺播报主持人化妆

1. 妆面要求

当下流行美妆妆面为主。使用的颜色可以选用较为艳丽的色彩,可以使用捎带珠光类产品。此类主持人体态动作多,幅度大。所以在调整面部结构时,也应该注意弱化阴影,可以强调高光部分。

2. 发型要求

多以蓬松的卷发居多。根据个人特色选择可以修饰脸型的发型即可。发色要求也比较宽泛,可以根据个人肤色来选择合适的发色。

3. 服装要求

在服装上也没有固定的模式要求。可以根据当下流行元素,充分发挥自己的搭配能力。只要符合整体风格,配搭协调即可。

4. 皮肤化妆

由于娱乐节目录制时间一般较长,所以在打底的时候通常选用质地轻薄的粉底液。可以在打底之前使用调整肤色的隔离霜先把肤色调整均匀,再用比肤色白一度的粉底上底妆。用粉底刷上底妆后再用不完全干的海绵轻薄地在上一层,弱化毛孔和细纹。

5. 眼妆

眉毛的颜色要与头发的颜色相协调,比发色浅一色号,颜色略淡。如果发色是黑色,眉色则用棕色或偏红棕色为宜。眉形要干净整齐,眉形可以用平眉,或比标准眉形稍短的眉毛。

眼影可以使用大胆的彩色系,涂抹时可以超出双眼皮褶皱 $1\sim2$ mm 左右,上下眼影一定要有所呼应,上眼线可以根据眼型有所夸张。下眼线可以只画在瞳孔部分或者是眼头的位置。让眼睛显得明亮,有活力。睫毛略长,贴型号 217 的假睫毛 $1\sim2$ 层,使睫毛显得自然浓密。

6. 唇妆

根据服装颜色,选用亮色系的口红。

7. 腮红

选择粉色或紫色腮红。打在笑肌的位置,营造活泼可爱的感觉。

5.5.5 综艺晚会主持人化妆

综艺晚会录制时间比较长,并且在主持人的造型设计上不仅要考虑舞台效果,还要考虑电视播出的效果。所以整体上来说,综艺晚会的节目主持人造型重点是要体现出华丽、隆重的视觉效果。根据当下流行元素,稍显夸张的妆面也是可以的,如图 5.5 所示。

图 5.5　综艺晚会主持人化妆

1. 妆面要求

妆面要浓淡得当,底妆要比一般节目主持人略厚,在五官刻画的时候要清晰,有质感。体现出面部轮廓,T区、C区、V区都应该提亮。鼻翼、发际线、下颚做阴影的修饰。

2. 发型要求

可以采用干净整洁的披肩卷发,或者较矮的马尾。根据当下流行,发型的选择比较广泛。

3. 服装要求

通常会根据身高选择凸显身材的晚礼服。如果选择颈部或者臂膀裸露较多的话,应该注意面部和身体颜色的统一。用颜色略深一度的粉底为裸露的皮肤均衡肤色,再用珠光粉提亮锁骨和手部结构的部分。

4. 皮肤化妆

可以在打底之前使用调整肤色的隔离霜先把肤色调整均匀,用提亮液提亮肤色后,再用比肤色白一度的粉底上底妆。用粉底刷上底妆后再用不完全干的海绵轻薄地在上一层,弱化毛孔和细纹。

5. 眼妆

眼影可以选择黑色、紫色、金棕色等色彩较深的颜色,最后再用亮粉轻扫在瞳孔部分,用高密度珠光粉在眼头部分提亮,营造眼妆的华丽感。眼线和睫毛都可以适当化一点。选用密度较高的长款睫毛,更能体现眼部的深邃感。眉毛可以根据自身特点选择上挑的弯眉或者是平眉,颜色可以稍微偏重一些。

6. 唇妆

如果眼妆较浓,唇妆可以用裸色系的哑光口红。

7. 腮红

选择橙色,用肌肉打法,使面部轮廓显得更加清晰。

5.5.6 综艺节目主持人化妆

综艺节目主持人的造型设计也是最具个性和时尚感的一类。和娱乐播报主持人相比此类主持人在整体造型上会更加成熟。节目的受众体相对娱乐播报主持的节目更加广泛。所以此类型的主持人造型在追随个性和时尚的流行趋势的同时,也要显示出主流的审美,如图 5.6 所示。

图 5.6 综艺节目主持人化妆

1. 妆面要求

妆面要浓淡得当,底妆略厚,在五官刻画的时候要清晰、有质感,体现出面部轮廓,T 区、C区、V 区都应该提亮。鼻翼、发际线、下颚做阴影的修饰,但是比晚会主持人的阴影修饰要稍淡些。

2. 发型要求

长发可以采用大卷,短发可以选择比较蓬松、稍显凌乱的感觉。根据当下流行,发型的选择比较广泛。

3. 服装要求

选择较为个性的套装或者是裙装,色彩上可以是饱和度高的色彩。

4. 皮肤化妆

用提亮液提亮肤色后,再用比肤色白一度的粉底上底妆。用粉底刷上底妆后再用不完全干的海绵轻薄地在上一层,弱化毛孔和细纹。

5. 眼妆

眼影可以选择带珠光的黑色、酒红、棕色等色彩较深的颜色,眼线自然拉长,选用长款睫毛,贴睫毛的时候根据眼线长度,贴近更靠近眼尾的位置,更能体现眼部的深邃感。眉毛可以根据自身特点选择平缓的拱形眉或者有眉峰的弯眉。

6. 唇妆

唇妆可以根据眼影的颜色,选择两种深浅不同的口红,画出渐变的唇妆。

7. 腮红

由于眼妆和唇妆都比较浓,腮红可以选择肉橘色或浅色偏红的阴影粉,非常少量,用肌肉打法,增加面部色彩感。

穿上婚纱，是人生
最美丽的绽放

花间颜色重，淡妆美如斯

第 6 章

影楼化妆造型

　　20 世纪 90 年代中期，中国的影楼才逐渐兴起。正是因为婚纱影楼在国内的出现，人们才开始认识到可以通过化妆和造型，用婚纱照和艺术照的模式把自己的美丽和幸福记录下来，婚纱照也开始渐渐流行。发展到今天，婚纱照已经成为整个婚庆过程中不可或缺的一个环节。同时，婚纱影楼也经历了从产生到壮大成熟的快速发展阶段，并且随着市场需求的不断增长和行业间竞争的日趋激烈，婚纱影楼面临着进一步的发展，将逐渐步入品牌时代。

　　对于婚纱影楼来说，核心竞争力就在于怎样给客户记录并呈现出一种美丽和幸福，怎样通过多种渠道满足客户的需求。随着影楼的发展，现在的影楼业务早已不局限于拍婚纱照了，各种形式的化妆造型，如艺术写真、商业服装广告、儿童摄影，都成为了婚纱影楼继续生存并发展的重点和创新内容。

影楼化妆造型,主要应对的是大众客户群,直观一点就是普通客人,也会应对极少数模特。相当于从事影楼化妆造型这一行,你会遇到千万个不一样的五官,要有千万种发型和妆面来让每一个客人完美呈现,达到满意的效果。

影楼化妆造型多元化,随着时间的发展,每年的潮流趋势确定了大众的风格。主要风格有韩式、复古、欧式宫廷、中式等。随着潮流的变化,在主要风格基础上,造型师在不断改良、创新。

6.1 影楼化妆流程

影楼主要由网络、门市、化妆、摄影、后期组成。在化妆造型这一部分中,化妆师、发型师、礼服师是一体系,统一由化妆部门管理,通常化妆师都会有助理、礼服师、发型师。但是,影楼一般情况下为了节省成本,对各部门人员会有一定的控制与合并,化妆师担任化妆、发型、礼服选择,也有可能只担任化妆与发型,也有可能只担任化妆。礼服师只负责选衣服,发型师只做发型,助理即负责配合化妆师去完善整体。根据各影楼的条件不同,分工与工作配合时也不一样。

影楼化妆造型流程,包含在影楼流程中期,是与客人接触最密切和时间最长的环节。

人员配备:化妆师及化妆助理,礼服师及礼服助理,发型师及发型助理。其中化妆师、礼服师、发型师是各环节的主导者,助理则为学习阶段辅助主导者。

人员分工。化妆造型师是造型主导者,主要与客人沟通妆面风格,设计一款让客人满意的妆面发型与服装(包括配饰),此外,对客人的形象设计要与礼服师和发型师去沟通配合。礼服师主要配合化妆造型师,根据妆面的效果与客人自身的形象,指导客人选出适合并且美观的服装试穿,最后选出让客人满意的衣服。发型师主要工作是针对妆面与服装进行发型设计,取长补短,做出与整体风格相匹配的发型。助理则从旁协助,如在客人试完衣服之后要对服装进行整理与还原,备注标记客人选用的服装并归类整理化妆品及卷棒、吹风机等化妆工具。在任何时候助理需要站在主导者身旁学习技巧,必要时帮助主导者完善造型。

6.1.1 服装选择

作为一个优秀的造型师,首先你对作品的理解与表达,不仅仅只是在妆面上的体现,服装也是非常重要的一点。完美的整体造型离不开锦绣华衣(图6.1)。

一个人的脸型和身材决定了他(她)的穿衣风格,适合的款式、剪裁、色系。这一环节也是影楼化妆流程中比较重要的一个环节,针对客人进行选试相应适合的服装。现实生活与镜头前呈现的感觉是不同的,我们要指导客人选择,不要盲目听从客人的不正确意见,要用我们的经验和实践去耐心解释并进一步试穿。

图 6.1　锦秀华衣

6.1.2　妆发设计

　　妆面搭配主要配合服装的款式和相对应的风格,进行妆面与发式的梳理设计(图 6.2),同一款衣服可以做出花样百遍的造型,没有绝对性和针对性,脸型和体型会决定这一切。每一个造型师的用色和技巧都是大有不同的,会添加造型师的个人特色在里面,这就是个人标志性的风格,营造出来的妆发感觉也就会独具特色。

图 6.2　妆发设计

　　影楼一般情况下是按样本造型走的。样本造型主要是由专业模特作为主角进行的主题拍摄范本,一般在挑选模特的时候都是以标准容貌和体型来进行拍摄的,在妆面发型和服饰上没有太大的可比性,比较百搭,表情及动作的摆放都是经过特殊训练的,拍摄出来的照片都会非常漂亮。主要目的是吸引消费的大众顾客,让他们了解本影楼的风格和拍摄技巧及服装搭配的展示,让他们在各种风格的样本中选择自己想要的风格。

6.1.3 饰品运用

影楼化妆造型流程中,饰品的运用与搭配也是辅助造型的一个重要环节。女人要美就要细致、精致、别致,项链、手链、耳环、戒指、高跟鞋包括手套和指甲等,这些都是配合我们整体造型的重要细节,男人要注重细节在于标志性的东西(手表、领带、袖扣、皮鞋、皮带),花纹色系图样则为主要体现目标。细节的体现会让一个人变得更精致,这就是我们为何要有饰品佩戴与选择这个环节。

整体造型的风格不同,我们在对其进行搭配的情况下,也要有针对性地去做出选择。图6.3所示为几种搭配的饰品。

图 6.3 饰品

6.1.4 跟妆

影楼化妆造型流程中,跟妆环节主要针对的是整体造型完成后的后续环节,主要针对在拍摄或婚礼当天遇到的突发情况或后期需要,进行妆发的修改和修补。

例如:头发乱需要梳理,皮肤翻油需要补粉,口红或腮红不够需要增加或更改。这些都是我们在造型完成后会遇到的一系列问题,所以这一环节在化妆造型流程中是必不可少的。

6.2 同一人物——不同风格化妆造型

从某个角度看,化妆造型就是在包装他人,改变他人。举例来说,也许他(她)的个性害羞又文静,但不想让别人一眼看出这个特质,于是我们用各种妆容、服装单品将他(她)打扮得非常有个性,制造出一个别人眼中不是那么好接近的人。事实上就是突破原本的形象,重新塑造一个别人不曾想象到的另一面。

对于一个影楼的专业造型师来说，从第一眼接触到客人，内心必须产生无限构思。

五官、气质、体型、发型及走路姿势都是决定你接下来的工作中将要如何去塑造他/她的根本。我们已经知道，造型是整体来决定的，不仅仅是化妆发型那么简单。

主要突出点我们会放在本质与改变！本质，则为现实生活中自己本来的形象加以简单的修饰，呈现出最自然的效果，完善自然本质。改变，这个词概括得非常广泛，首先我们需要抓住改变对象的五官特点，进行每一种风格的简单预想构思，达·芬奇说过："没有不好看的颜色，只有不好看的搭配。"每个人其实是可以驾驭各类风格的，关键在于找到适合自己的风格！

比如，如果有人喜欢韩式妆容，首先我们要提取韩式妆容最根本的精髓，发扬其五官的优点长处，掩盖弊端，达到一种修饰和改变，包括妆容及发型的调整都是需要我们去尝试去做，感觉不合适再进行近一步修改。世态万千，每一个人给我们的回报就是尝试而达到最好的一面。复古、欧美、日系等造型的改变都会在不断的尝试中体现得淋漓尽致。我们用图 6.4 和图 6.5 来说明同一人物不同造型所呈现的不同风格特点。

图 6.4　同一人物不同造型(1)

图 6.5　同一人物不同造型(2)

6.3　新娘化妆造型

6.3.1　新娘婚纱造型——平面婚纱照

1. 妆容特点

新娘妆(图 6.6 和图 6.7)主要分为平面新娘妆、舞台新娘妆、新娘跟妆,三者之间有相当大的差别。

平面新娘造型主要针对婚纱照的拍摄,在静止镜头前面呈现妆面和整体的造型。首先平面造型需要的是妆容的立体感,精简妆面及造型,着重强调一个部位,重点太多会使得整体很乱。

例如,一篇文章有一个中心思想,整篇文章围绕中心思想来写,立意明确,重点突出,才能明白这篇文章的主旨。

图 6.6　新娘妆(1)

图 6.7　新娘妆(2)

2. 影楼妆容造型风格

近年来影楼逐渐多样化,风格技术多元化,韩式、复古、中式等都是受年轻人热捧的风格。下面以韩式妆容为例讲解影楼妆容造型风格。

韩式妆容主要以清新自然为主、五官刻画都有标志性。

(1)底妆。白皙的皮肤是韩式妆容的重点。俗话说,“一白遮千丑”。我们可选择比肤色浅一号的粉底打整体面部,再用深一号色修饰轮廓,在粉底上完之后,我们可选择用柔软的粉扑或羊毛刷,粘上蜜粉,在 T 区轻轻按压或轻扫,这样会显得妆容透气有光泽。

(2)眉毛。主要以平粗眉为主,会让人显得温柔自然,当然也不是每个人都适合平粗眉,对不同的面孔应做出相应的调整。当然眉毛不宜太挑或太细,会显得不温柔。

(3)眼妆。韩妆眼影多以咖啡色、橙色、裸藕色为主,能让整个妆面轻薄透气,眼线眼影不宜过浓,主要突出睫毛。

(4)腮红。通常会以自然的橘色轻扫脸颊,让轻薄的粉质散发自然的红润。

(5)唇妆。多以自然滋润为主,颜色宜根据个人需要灵活运用,唇纹和唇峰不宜过硬,会显得不温柔,可选择用手来涂口红。

(6)发型。发型多变,可根据新娘的脸型和整体的搭配来确定发型,但要简洁而不单调,雅致有大气,拥有一定的层次感或线条美!

(7)头饰。较常用的头饰有各类头纱、皇冠、花形发饰、珠串类、水晶类小发夹等,除了头纱,其他饰品的运用以恰当的小面积点缀为主,在保存整体发型风格简洁、大气的同时,通过小饰品的点缀来提升发型的层次感、丰富感和时尚感。

(8)男士妆容及发型。男性的修饰主要配合新娘当天的整体风格,简单的打底调整肤色和修容描眉,尽量达到自然的效果,发型可借鉴当下流行的韩式男士发型。

6.3.2 复古妆容

1. 新风貌

1947 年,法国服装设计师克里斯汀·迪奥(Christian Dior)推出女式服装新款式——新风貌,成为世界知名服装设计品牌。

1947 年 2 月 12 日,刚刚创立的迪奥时装店(法国克里斯汀迪奥公司)首届作品发表会举行。会上,迪奥的作品:圆润平缓的自然肩线,用胸衣整理得高挺的丰胸连接着束腰的纤腰,用衬裙撑起来的宽摆大长裙,长过小腿肚子,离地 20 cm,脚上是双跟很细的高跟鞋,整个外形十分优雅,女性味十足。

当最后一位模特从人们眼前消失,深深沉醉于优雅气氛中的观众才如梦初醒,不约而同地全部站起来,爆发出潮水般热烈的掌声。

这样,迪奥的作品被称作"新风貌"(New Look),通过各种新闻媒介传向全世界。

越来越多的女性深爱"新风貌"中的造型和类似服饰,这一风格也广泛地被应用在影楼拍摄中,造型师们都在用自己的思想去装饰自己内心的新风貌,当时的流行已成为了经典,慢慢被人们称之为欧式复古。

2. 复古田园

欧洲早期民间,女生多以卷发编发为主,妆容基本没有修饰,雀斑是她们的标志。现在还有很多著名的画作留存于世。

3. 复古妆容的对比

妆容特点:新风貌复古风格妆容主要体现女人的优雅,给人强势的感觉较多;复古田园的重点放在轮廓的修饰上面,打造五官的立体和硬朗。

两种妆容的细节对比见表 6.1。

表 6.1　两种复合妆容的对比

项目	新风貌(欧式复古)	复古田园
眉毛	略微上挑	轻柔细长
眼妆	眼线是其标志,微挑的眼线让女性多了几分神秘感	以轻柔内眼线带过
腮红修容	主要用修容膏或修容粉,在颧骨下方打出东方女性不曾额的凹陷,再用腮红略微过度轻扫	腮红略微要显得重要几分,晒伤腮红是其标志,可选用橘色中粉色涂在脸颊两侧,包括鼻梁
唇妆	红唇是其标志,浓郁的红色会让东方女性更加神秘!唇形通常会以一下饱满的形状来体现,如果嘴巴小,可以适当外扩一些,来调整整体妆容的和谐	以自然的橘色或裸色来体现,正红色也是可以的,唇形以自然为佳,唇纹不要画得太明显,还是可以选择用手指来按压服贴于唇部,弱化唇纹
发饰发型	多以帽饰、网纱制品占多数,头巾也是非常不错的造型搭配用品。在发型上多以复古对卷发为主,披发和盘发都是非常不错的选择,再加上头饰的点缀,整体韵味已逐步呈现	多以珍珠制品、皇冠、花环及蕾丝制品为主,发型则以编发、小卷发为主,可盘可披,整体要轻柔

6.3.3　中式妆容

我国有着源远流长的历史,历经众多朝代变迁更替,每个时期都有着不同的文化和艺术形式,这一点在婚礼服饰方面也有着非常深刻的体现。每个时期的婚嫁服饰及配饰妆容都有每个时期的代表性。

秀禾服和旗袍都是从满族的服饰演变而来的,都是晚清—民国期间女子的装束。其中,龙凤褂就是褂裙,那时女子多以穿这个出嫁。而旗袍则是它们的完全进化版。随着社会的发展,人们的思想逐渐西化,这两种服饰在保持原有文化内涵的基础上,和现代的时尚结合。

1. 传统秀禾服造型

秀禾服主要的妆容与造型中心在发饰上,受新时尚的影响,简单的中髻盘发、齐刘海、桃心刘海或无刘海,用饰品添加出想要的形状效果。

妆面:简单的美容妆即可,可在眼影上选择粉色或金色,眼妆尽量清淡,体现中国传统女性的温文儒雅,嘴唇可选用正红色或自然裸色。

配饰:配饰类型主要有凤冠、珠花及发簪,主要颜色有金红相间、银红相间、翡翠绿等。

2. 中式旗袍

旗袍,体现中国人温文儒雅、内涵的高雅气质,是中国女性的传统服装 ,被誉为中国国粹和女性国服,是中国悠久的服饰文化中最绚烂的现象和形式之一。

妆面:清新自然裸妆,呈现自然通透。若是想时尚度高,可以微挑眼线,唇色可选择复古红。

发型:复古波纹是具有代表性的发型,中髻花苞头(中分、偏分根据个人脸型)。

配饰:翡翠,珍珠,白银饰品为主,简单点缀。也可选用皮毛制品进行进一步装饰。

6.4 艺术彩妆化妆造型

艺术彩妆是天马行空的创作主旨,是对化妆造型师没有拘束的一项艺术妆效课程。艺术彩妆主要针对平面与T台,关注时尚动态是彩妆造型师吸收和创作灵感的来源。艺术彩妆是一项被人们认为自由的职业,我们可以在繁华的都市、安静的丛林、喧闹的街道、纯净的大海,去寻找自然带来的彩妆艺术的灵感力量。

1. 艺术彩妆对人的影响

艺术是打破常规,不再只是追寻面部完整的诠释,独特的面孔是我们在创作中最为重要的一部分,成败只靠自己的敏锐程度。我们拿一个最为成功的例子来解释。

吕燕,中国十大风尚女性之一,中国最具影响力的模特,亚洲中国模特的代表人物。1999年,吕燕被中国某顶尖造型师和著名摄影师发现并为她造型,拍摄各大时尚杂志封面,从此正式进入中国的时尚圈。极致的五官变成了她走入国际的开始。某一天,大都会的一位工作人员到中国出差,他来自一家世界著名的模特经纪公司,他曾培养出多位在国际上活跃、具有影响力的模特。那位工作人员上飞机前在北京某酒店休息时发现了吕燕。他问吕燕想不想到巴黎发展。当时吕燕在国内已小有名气,但她觉得自己还不足以立足在国际的大舞台上。虽然想走出国门,让国际友人看看中国女性的美,但是害怕作为在国内模特圈小有名起的自己,万一到了国外发展不好,岂不是赔了夫人又折兵。可是,成功与失败往往是互通的,不失败怎么能知道自己哪里不足呢!况且能到国外,特别是巴黎这样的时装之都发展,绝对是一个很好的机会。

吕燕凭着执著、勇气和微笑,来到人地生疏的巴黎。短短几个月,吕燕引起了世界最著名的时尚杂志"VOGUE"的注意,为杂志拍摄了许多照片,参加了很多国外大品牌的演出及服装拍摄。很快名声大噪,吕燕在国际时尚圈内迅速蹿红。

有人曾说吕燕不漂亮,大嘴唇,方脸,小眼睛,脸上还有雀斑。不漂亮为什么可以成功,艺术是针对小众人群,喜欢的人觉得美不胜收,看不懂的人就觉得丑到极致,针对与众不同的面孔才能创新,才能有让人能记住的根本。

2. 艺术彩妆造型的重点

艺术彩妆造型(平面造型)指商业广告、时尚写真、T台造型。在对模特的五官进行观察时,我们可以重点突出其与众不同的一点,如眉毛、嘴唇、眼睛、脸型的表达,着重强调某一个部位,让之成为我们整个妆面的重点。

为什么着重表达某一个部位？作为一件艺术品能让大家记住的原因。首先艺术不完美才能给予人更多的空间去想象，去猜测。在某些国外的大牌杂志《VOGUE》《时尚芭莎》等中，我们可以经常看到这种着重表达的手法。为了强调照片上的视觉效果，随着时间的发展，妆面造型都变得极简化，只是着重体现想要表达的部分和妆容。

3. 产品的灵活运用

口红：唇部/眼影/眼线/腮红。

唇彩唇蜜：眼影/唇部。

腮红：脸部/眼部的大面积晕染。

眼影：眼妆/唇部/腮红。

油彩：唇妆/底妆/眼妆/腮红等。

只有深层次了解产品的特性和质地，才能准确地将其运用在艺术彩妆造型中，为整个作品的完整性和爆发性打下基础。

6.4.1　商业妆

1. 油彩化妆技法

人体油彩是一种专供影视及舞台演员化妆使用的油膏状彩色化妆品。一般由各种色料与油脂成分混合制备而成，其色调丰富明亮，色泽均匀一致，膏体细腻、稳定，具有优异的涂展性、遮盖力及附着性。另外，通透性好、对皮肤安全、无刺激。

油彩的附着力比较强，不宜修改，要用油脂极高的卸妆产品才可卸除。可用到的工具有：毛质油彩刷（化妆笔类型）、湿粉扑、毛质勾线笔等，也可灵活运用手指。合理运用在五官的各个部位及色块衔接虚实，如图 6.8 所示。

图 6.8　油彩化妆技法

2. 眼影的运用与晕染

通常眼影晕染（图 6.9）有两种方法：一种是立体晕染，一种是水平晕染。立体晕染，即按

图 6.9　眼影

素描绘画的方法晕染,使用冷色或含混的使物体有后退感的颜色,涂于上眼睑的外眼角、内眼角、眉骨与眼球凹陷处、下眼睑的外眼角等部位,将亮色涂于眉骨下方和眼球中部皮肤上,影色与亮色的晕染要衔接自然,明暗过渡合理,传统立体的烟熏晕染方法营造较强的立体感。单层次晕染,即运用简单的大地色进行眼眶的下压,修饰轮廓,从鼻侧开始晕染,直至整个眼眶,无需太大的层次。

眼影的晕染方法及油彩的晕染法,仅仅是基础,根据每个造型师的需要而进行部位颜色的选择,和相应层次不同晕染的选择。

3. 唇妆

唇色,主要以重色或比较艳丽的颜色为主,唇形需要着重强调层次感及色彩感。图 6.10 所示为唇妆展示。

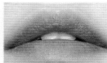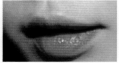

图 6.10　唇妆

4. 发型

发型在商业造型里有比较重要的作用,在商业造型里发型协调整体轮廓造型。发型轮廓是关键,光要光到一丝不乱,乱要乱到有层次,乱中有序,发丝纹理清晰。用裸发撑起整个造型(裸发:在发型上不用任何外界饰品对其装饰)。发型造型示例如图 6.11 所示。

图 6.11　发型

6.4.2 艺术写真

艺术写真造型与商业艺术彩妆造型相比,没有那么隆重,艺术手法减弱。主要针对想要拍摄艺术写真的普通大众。在体现手法上不能过于艺术化,让人失真,否则让人接受不了,毕竟不是模特,接受范围还是有一定局限性。在发型和饰品的运用上可稍复杂一些。

妆面:可使用简单的烟熏妆,或小技巧创意妆容。红唇是可以多次保留、使用在不同的艺术写真妆面上。

发型:凌乱蓬松的卷发,湿发(披发),可运用夸张的饰品,如耳环、皇冠、项链。

不同风格艺术写真彩妆造型示例见图 6.12。

图 6.12 不同造型比较

优雅迷人知性的风度，
是一种说不出的魅力

第 7 章

美妆宝典

宝典 1　美丽妆容小技巧

简单小工具：眉笔、眼影刷、眼线笔、睫毛夹。

化妆小原料：乳液、化妆水、粉底、BB 霜、遮瑕膏、眼影、睫毛膏、腮红、唇彩等。

步骤 1：上粉底。

上粉底之前可以用一点滋润的乳液或者水，然后选择与自己肤色最接近的粉底或者 BB 霜来作为粉底，脸上有疤痕或者小瑕疵的，比如痘痘、黑痣、黑眼圈等，还要选用遮瑕膏将这些遮盖住。上粉底是有技巧的，用手指轻轻地蘸取一点点，点在额头、鼻梁、脸颊和下巴，再慢慢地推匀称；假如用粉扑和粉饼的话，那就均匀地扑上就好啦。

步骤2:画眉毛。

眉毛在画的时候一定要画出弧度,必要的时候要修理自己的眉毛。眉笔颜色的选择是有技巧的,选择与自己眉毛颜色相近的颜色。作为东方人,咖啡色、棕色、灰色都是很好的颜色。

画眉毛的时候,第一笔落笔要尽量淡,记得从眉头开始到眉梢,眉头很重要,从下到上,从内到外,一笔一笔画好,眉梢就一笔带过,因为修改很麻烦。如图7.1所示,简单的眉毛就画好了,漂亮有神。

图7.1　眉毛

步骤3:画眼影。

画眼影的时候,新手经常不知道眼影颜色的搭配。不妨选择咖啡色,是安全颜色,一般是不容易出错。

眼影的画法一般从眼睑下方到上方、从深到浅依次慢慢画,这样就可以画出一双目光深远的大眼睛,并且亮而有神,如图7.2所示。

图7.2　眼影

步骤4:画眼线。

画眼线时,先画上眼睑,再画下眼睑,从眼尾向眼睛中间的方向,轻轻地画上约三分之一长的下眼线,美丽的眼线就画好了。

步骤5:刷睫毛膏。

如果眼睫毛本身很长,就用睫毛夹夹一夹眼睫毛就好。睫毛夹的使用分为三次,第一次是用睫毛夹夹眼睫毛的根部,然后再夹眼睫毛的中部往上,最后才是尾端。

如果睫毛很短,那就要用假睫毛,但是这个对新手很难,此时可以选用有增长效果的睫毛膏,刷上去又长又好看。

刷睫毛膏也是有技巧的,下眼睑的眼睫毛也可以顺带刷一刷,眼睛就会看起来大大的。

步骤 6:刷腮红。

腮红的颜色一定要适合化妆者的气质,微笑着亮出颧骨的位置,新手用大号的刷子淡淡刷即可,每次刷都要少量,多刷几次就可以有完美的效果,脸会显得红润可爱。

步骤 7:抹唇彩。

唇彩的颜色一般要配合自己的服装。描绘唇线(新手是不用画唇线的),让人看上去有型、气色好、精神好。

四言口诀:粉底要均匀,腮红要轻扫,美美妆容,自然红润。完整的妆容如图 7.3 所示。

图 7.3　完整妆容

宝典 2　修眉画眉一气呵成

修眉前,要先考虑自己的脸型,选择适合自己脸型的眉形最重要。

- 圆脸:眉毛要有些角度! 眉峰吊起来一点点,脸就马上立体了!
- 方脸:眉毛不要画太长、眉峰不要太吊。简单说就是,平平地自然画。当然,粗细要自然,眉尾也要上扬一点点,粗粗平平的蜡笔小新眉不好看。
- 倒三角形脸:倒三角脸型显得下巴尖尖,不用修饰就看上去很瘦。所以,这种脸型的眉毛不用再强调棱角了,免得脸部线条变得刚毅,给人不容易亲近的感觉。而自然眉会呈现自然柔和的圆弧线,可以缓和脸部的线条,使面部显得柔和,更适合倒三角形的脸型。当然眉毛要大气自然,不要画太长!
- 瓜子脸(也就是鹅蛋脸):这种脸型的人可以根据妆容自行选择最适合自己的眉毛形状,没有太多限制。

1. 修眉步骤

在修眉之前,我们先来认识一下眉形结构(图 7.4):眉头、眉尾、眉峰等。

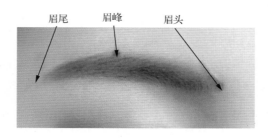

图 7.4　眉形结构

步骤 1:梳理眉毛。

　　拿出眉刷(卷卷的那种更好),按照眉毛的自然形状把眉毛刷得整整齐齐、服服帖帖。这个步骤很重要! 如果修眉时候没把眉毛弄整齐,那可能接下来会修掉不该修掉的眉毛,非常难看。

步骤 2:辅助线定眉头。

　　发挥想象能力,从鼻翼向上沿着眼角边画一条辅助线(图 7.5(左))。可以用棉签等其他小棍在自然眉毛的眉头位置画一条线作为眉头记号线(图 7.5(右))。

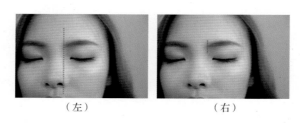

（左）　　　　　　　　　（右）

图 7.5　辅助线定眉头

步骤 3:辅助线定眉尾。

　　需要第二条辅助线了。发挥想象,将鼻翼到眼尾连一条辅助线(图 7.6(左)),然后在自然眉毛的眉尾位置画一条线作为眉尾记号线(图 7.6(右))。

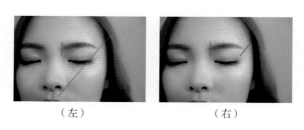

（左）　　　　　　　　　（右）

图 7.6　辅助加线定眉尾

步骤 4:辅助线定眉下位置。

　　继续想象,在自然眉毛下方画一条辅助平行线(图 7.7(左)),然后会很容易找到这条平行辅助线与之前眉头和眉尾记号线的交叉点,并且在交叉点上画上圆记号(图 7.7(右))。

这两个圆点就是最佳眉形的眉头和眉尾所在位置了。

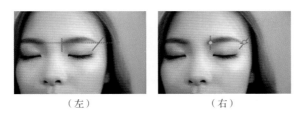

（左）　　　　　　　（右）

图 7.7　辅助加线定眉下位置

步骤 5:定眉峰位置。

眉峰的最佳位置大约在眉毛距离眉头 2/3 的位置。借助辅助线,在眼珠外侧垂直画一根长长的辅助线,延伸到自然眉毛位置,还有在眉毛上下方分别画一条辅助平行线(图 7.8 (左))。在两线交叉点上画上圆记号(图 7.8(右))。

上面的圆点就是最佳眉形的眉峰位置。

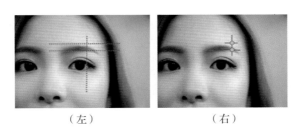

（左）　　　　　　　（右）

图 7.8　眉峰位置

步骤 6:定最佳眉形位置。

现在眉头、眉尾、眉峰的位置等都定好了,接下来把这四个点沿着自然眉形连上,这样大致的最佳眉形就出来了(图 7.9(左))。用眉笔把中间的空隙处填好颜色(图 7.9(右))。可以把颜色涂得实在一点,虽然不太好看,但是可以很好的区分最佳眉形和其他需要修掉的多余眉毛。

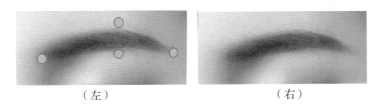

（左）　　　　　　　（右）

图 7.9　最佳眉形位置

步骤 7:检查眉形。

这就要靠修眉者的眼力了。在定了最佳眉形的位置以后,需要再检查看看左右眉毛是不是等高,形状是不是大致差不多。避免左右高低粗细眉。

步骤 8:修剪眉毛。

把自然生长在之前确定的最佳眉形之外的眉毛修掉。用剃刀剃掉多余的眉毛,用剪刀剪掉眉毛过长的部分。

这样,美丽的眉毛就修好了。

2. 画眉步骤

步骤 1:修整眉形。

修眉之后也得加强护理,画眉前要按照眉形,把其他的杂乱无章的眉毛统统修掉! 最好不要用眉夹! 不仅痛,而且眉夹拔毛容易扯到上眼皮,使上眼皮松弛。

步骤 2:修剪眉毛。

左手拿眉梳,顺着眉形梳理(左撇子的可以换手),右手拿小剪刀,把冒出眉梳外的眉毛剪短,剪到看得清楚眉形就好啦。

步骤 3:填补眉间空隙。

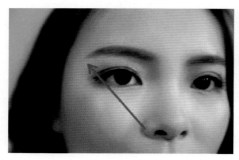

图 7.10　眉毛

使用眉粉画眉比眉笔更自然。用眉粉画眉毛要从眉毛中间位置(就是眉头与眉峰之间)向着眉尾画。其实就是用眉粉把眉毛中间比较稀疏的空隙填满。眉粉盒一般有两种颜色眉粉,这里用颜色较浅的那个,这样眉形就会变得丰满立体,又自然!

步骤 4:描画眉尾弧形。

填补完空隙,就可以换用颜色较深的眉粉了。跟修眉一样的,顺着鼻翼到眼角想象一条延伸线,一直延伸到你的眉毛齐平(图 7.10),那就是眉尾的地方! 用眉粉沿着眉形画出弧形即可!

步骤 5:勾勒眉形。

找一支与之前用的眉粉颜色差不多的眉笔(最好要防水的),从眉峰画到眉尾。不用画得太深,只需轻轻画出整个眉形的轮廓。但注意,眉笔画一定要一笔到位,一气呵成! 断断续续画出来的眉毛,实在令人不忍直视。

步骤 6:梳顺眉毛。

拿出螺旋状眉梳,把眉毛全部细细梳顺。轻轻的,这样之前画的眉粉眉笔颜色就会更加自然了。画眉最忌讳生硬!

步骤 7:染淡眉色。

用颜色自然的染眉膏轻轻刷过眉毛,只需轻轻带过眉头处再延伸到眉尾。用染眉膏修饰下颜色过深的眉毛,这样眉毛颜色会更加柔美自然。当然,染眉膏的颜色要与头发颜色相近。

至此,完成了修眉与画眉。

美丽出行，是生活
的舒适与幸福

宝典 3　**教你画个漂亮的眼妆**

俗话说,眼睛是心灵的窗户。据调查,人与人之间的第一次见面,往往最先注意的是对方的双眼。因此,在彩妆中最能凸显美感的当属眼妆,而同时眼妆也成为公认的最考验彩妆技巧的事情。可是,潮流瞬息万变,化妆技巧也千变万化,似乎每天我们都可以看到不同的全新的眼妆流行时尚。但万变不离其宗,要想掌握最新化妆技巧,前提就是扎实的基本功。对于眼妆,一般可以分为日常型与艺术型的两种。基本画法都是相似的。当然,日常型眼妆,顾名思义就是日常生活中经常使用的,也说得上是最实用的眼妆基础。

下面给大家讲解详细的眼妆教程,简单易学,美丽双眼一瞬间!

• 第一步:戴美瞳、上粉底。

首先要戴上美瞳,这样可以凸显黑眼球,让眼睛更加的神采奕奕。即使不是近视眼,有人黑眼球较小,眼白过多,经常会有翻白眼的感觉。所以建议有条件的人一定要试下,效果很好!

然后再均匀地在眼睛周围按压着上粉底液,也可以用一点蜜粉定妆,这样眼线就不会晕开。

• 第二步:画眼线、上下并行。

接下来就是关键的画眼线了。有的人也许会问,为什么要先画眼线后画眼影呢?那是因为要是先画眼影,后画眼线就不容易上色了,可能你费了半天劲画出来的眼线跟没画似的,更说不上用眼线来达到改善眼形的效果了。

眼线的具体画法要根据眼形来变化。一般通用的方法是,自己画自己的眼线,桌上放个镜子,倾斜15°,呈俯视状,然后轻提上眼睑,将眼睛分三等份,先从中间开始向内外眼角描画,以达到标准眼形的效果。下眼线就只画下眼睑的后1/3处即可,在末尾与上眼线连接。

注意!画眼线的时候,要稳,千万不要手抖!为了防止手抖,你可以将拿笔的小指顶在颧骨上,又或者把肘关节支撑在桌面上,还可以把肘部紧靠在墙上。

• 第三步:画眼影、晕染为佳。

以最实用的大地色系眼影为例。要用干净的眼影刷,否则晕染出来的妆会显得脏脏的。

先用金色眼影淡淡地均匀晕染在上眼睑的凸出部位,记住一定要淡!(其实就轻轻刷一层就够了)然后用深褐色眼影,在内眼角和外眼角部位涂抹,接近睫毛根部的位置颜色最深,越离开眼尾向上,颜色就越浅。这就是晕染!但不能晕染得位置太过向上,过双眼皮线向上一点即可。画好睁眼看看,双眼皮部位有若隐若现的淡淡眼影,这样子就可以了。要是晕染太多了的话,不用等画妆或晕妆,眼影一画好就会立刻出现熊猫眼的效果了。

同理,下眼睑也是用金棕色眼影晕染。像眼线一样,也画在外眼角的后1/3处。当然外眼角处可以加强一点,有点阴影和立体的感觉。

• 第四步:粘假睫毛,认真仔细。

首先,要选择适合自己的假睫毛。为了假睫毛和真睫毛贴合得更加紧密,可以先用睫毛夹把自己的真睫毛夹翘。夹睫毛时眼球一定要向下看！轻夹睫毛根部5～8秒,睫毛变得又长又翘。

然后,一定要选用优质的假睫毛胶水,在假睫毛根部刷上薄薄一层,沿着真睫毛根部粘上即可。

最后,借用局部睫毛夹,再次在假睫毛前后端进行轻轻按压,这样可以让假睫毛更紧密贴合在真睫毛根部。当然,还可以用睫毛夹把真假睫毛合在一起再次夹翘,这样真假睫毛就紧密贴合在一起了！

• 第五步:涂睫毛膏,小心谨慎。

最好使用既纤细增长又浓密的睫毛膏！纤细会让睫毛根根分明,浓密加重睫毛的质感,眼睛瞬间有神。最好选用防水睫毛膏,虽然卸妆时要麻烦点,但是不容易晕妆！

涂睫毛膏,其实就是Z字型手法贯彻始终。首先在睫毛接近眼皮的那面涂一层,然后再在离眼睛近的那面再涂一层。这样涂两遍就能达到想要的效果了！当然下眼睫毛也不要忘记涂,把睫毛刷竖起来,横扫下睫毛,一定要小心,别弄到眼皮上了。有时间的话可以拿张纸放在下眼睫毛和眼皮中间位置,这样再刷也不会弄脏睫毛啦。

这样,眼妆就完成了,如图7.11所示。

图 7.11　眼妆完整版

◦◆ 小贴士 ◆◦

初学者画眼妆的时候要注意以下五大误区！

眼妆既然作为妆容最重要的部分,那么眼妆的好坏,可以决定整个妆容的美丑！尤其对于化妆初学者来说,画好眼妆更是一个"老大难"的问题。想要画出自然纯美而毫无夸张做作的眼妆妆感就需要特别注意以下五个误区。

误区之一：睫毛太浓。

睫毛膏是女生偏爱的彩妆品，因为它能在增加睫毛的浓密度时，同时瞬间放大眼睛。但要是睫毛膏涂太多了或是涂得不恰当的话，这会让睫毛尾部变得粗粗的，并且堆积一些多余的膏体在睫毛上面，甚至一根根睫毛之间会互相粘在一起，像苍蝇腿一般，既难看又难受。所以，要先根据自身的情况选择自然或浓密型的睫毛膏，并且在刷睫毛的时候手法要轻，大概刷两到三次就可以了！

误区之二：眼线太粗。

也许有人会觉得粗粗的眼线可以让双眼看起来更加深邃有神，这确实不假！但是如果没有控制好眼线的粗细度的话，过粗的眼线会让眼神过于犀利。所以画眼线的时候，手法要平滑，不能深一笔浅一笔、粗一笔细一笔，最好能一笔成型！

误区之三：眼影颜色过于鲜艳。

眼影颜色一定要搭配整体妆容、服饰，还有周围环境，甚至季节！比如说，春天色彩斑斓，所以毋庸置疑这个时候的女生喜爱将各种各样的颜色挥洒在自己的脸上。但是如果你在大白天画个具有魔幻色彩的墨绿色眼妆，再配上一套鹅黄色的裙装，那就显得过于奇葩和惊世骇俗了！其实，对于亚洲人的黄色皮肤来说，面部的妆容其实并不太适合过于艳丽的色彩，反而是大地色系更加容易搭配！

误区之四：重色烟熏妆。

烟熏妆是秀场上最常见的妆容，因为这样的妆容时尚感很强，又能彰显出带妆者特立独行的性格特点！但是烟熏妆戏剧性感觉太强烈，并不适合在日常生活中作为眼妆的妆扮。但要是确实特别喜欢烟熏妆的话，可以改用清爽甜美的糖果色调的眼影，让烟熏妆容流露出小清新之美！

误区之五：眼妆与眉毛不搭配。

眉毛是许多人会忽略的部位，但眉毛却是反映女性性格特征的重要标志！眉毛决定了妆容整体的气质与对脸型的调整，所以在画眼妆时候必须把眉毛考虑成一个整体。无论从眉形到眉色，都得搭配协调，必要时得染眉色！

总而言之，眼睛是脸部表情最丰富的地方。所以想要眼睛变得大而深邃，就要采用立体感眼影与加深眼部印象的眼彩、眼线和睫毛膏等来修饰双眸。但是凡事不能过度，眼周部位的妆感要尽量自然纯粹，上妆效果太"狠"只会适得其反！

宝典4 教你画个迷人唇妆

嘴唇在我们脸上是一个很精致的部位，一款成功的妆容离不开迷人的唇妆。好的唇妆可以为妆容加分，当然如果搭配不漂亮的唇妆，那么拥有再漂亮的妆容也没用。好看的唇妆，可不是简单的一管唇膏涂抹两下就行的。很多人在画唇妆的时候，以为就是简简单单地拿着口红在唇上涂涂抹抹，其实首先要做的，是日常护唇。

下面，我们来学习怎么画一款迷人的唇妆！

步骤1:给唇打底。

经验所知,与其他部位的妆容相比,唇妆算是最容易花妆的了。为了避免这一点,画唇妆首先得像在脸部上粉底遮瑕那样,给嘴唇打底。遮瑕前先要在嘴唇上涂上充分的润唇膏,滋润一下嘴唇。然后用唇部专用遮瑕膏,遮盖住嘴唇的原色。这样后面上色的唇膏颜色会保持较长久!

◀● 小贴士 ●▶

唇膏宜选用滋润度高、不过敏的安全配方。

步骤2:勾画唇线。

先看看你打算用的那支唇膏,选一支颜色与它相同(实在没有,颜色稍微深一点也行)的唇线笔。沿着自然唇形勾画出你嘴唇的轮廓,给后面画唇膏和唇彩留下限制范围和空间,别画到外面去! 当然,别把唇线画得过于死硬,这样看起来显老,凭空增加好多岁!

◀● 小贴士 ●▶

嘴唇薄的人画自然唇线线条的时候,可以用唇线笔把嘴唇外侧边缘画得稍微宽一点点,偏离小于1 mm,有个轮廓线的感觉。但这条线千万不要画出嘴唇外边,否则加个烈焰红唇就成血盆大口了,很吓人。当然,厚唇的人拉画唇线的位置就应该沿嘴唇的内边缘了。

步骤3:填涂唇膏。

这一步其实很简单,就是借助工具涂唇膏! 目标是:将唇膏均匀、精确、足量地涂到嘴唇下唇上(把之前勾画出来的唇线内部填满,别弄到外面去!)。

到底是用手指还是唇刷涂,甚至拿了唇膏直接涂,这一切取决于唇膏的颜色(刚刚画唇线就看唇膏颜色,这里看工具也得看它!)如果你打算用颜色较浅的唇膏,用手就可以了! 直接唇膏野蛮涂法也OK。但你要是打算用较为艳丽的颜色(如各类深艳红色、姨妈色、哥特式色系等),就需要唇刷了,这些颜色用唇刷往往能更精确均匀地充足上色。

步骤4:抿嘴自然唇色。

只有下唇妆会怪怪的,而且最主要因为唇线的加持,唇妆还是会让人感觉痕迹明显、生硬做作。这时候抿抿嘴唇,至少两次,这样下嘴唇的颜色就会自然地印在上嘴唇。这样唇膏的颜色自然分布,即使刚刚再抢眼的下唇妆现在也会变得不那么夸张。

步骤5:唇峰处补色。

在上唇唇峰处,就是中间的"山"字位置,适当补上一点点唇色。刚刚抿嘴之后,颜色不会太细致。而且凭经验而谈,嘴唇要尽量弄得丰盈透明一点,这样嘴唇会显得更加有质感和性感!

步骤6:唇彩加立体。

唇彩能够加强唇妆的透明质感。上唇膏以后,在嘴唇的中间位置涂上亮亮的唇彩,这样嘴唇就会变得瞬间丰盈起来,不再呆板无聊,唇妆会更有立体感。

步骤7:修整。

要是唇膏画出界了,那绝对会影响整个面部妆容。如果出界了,立即用面纸、棉签、化妆棉等一切可以调动的小工具,轻轻把不足的地方修整过来!

这样美美的唇妆就完成啦如图7.12所示。

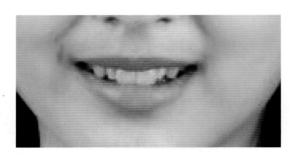

图7.12　唇妆

小贴士

相比复杂精巧的眼妆来说,唇妆看上去好像并不困难,但是易花妆。一旦花妆,非常难看。那么如何有效防止唇膏花妆呢?

那就是涂两层!字面意思,就是在涂唇膏的时候先涂一层后用纸巾轻抿,让唇膏颜色先掉一点,然后再涂上同色的唇彩。这样即使表层的唇彩掉妆了,也不会让你的原本唇色"原形毕露"了!

唇妆除了挑选滋润度高、带有晶亮成分的唇膏、唇蜜之外,打底也是一项很重要的工作!

漂亮的服饰，
精致的妆容

贴切的服装搭配，是休闲生活的态度

宝典5 服装搭配技巧

服装的设计与搭配仅仅就是将单品搭在一起成为几套衣服吗？仅仅就是1＋1＝2的最普通的加减法吗？大错特错！要想真正找到搭配与设计的精髓，表现出服装最深层次的魅力，并且获得一致的好评与赞美，增加你的人气和回头率，那就真的要当作一件非常重要和精心设计的事情来做。这里总结出来的关于穿衣搭配的经典法则，可以非常贴心地让你对自己的造型有一个准确而且全面的把握，在购买衣服的时候也会变得更有目标，能够让你购买的衣服物超所值，甚至可以用不多的钱达到更好的效果！

（1）要遵循循序渐进的效果，第一步是整体协调，第二步是修饰美化，第三步是强调个性。

（2）当你选择购买服饰的时候，最好要坚持三个选择标准：喜欢的、适合的、需要的。当满足这些条件之后，你所购买的服饰才是具有真正使用价值的。

（3）要懂得服装之美最主要是修饰，而对于女性来说，修饰身材的线条感才是最关键的。

（4）花了非常多的时间、精力来搭配，目的不仅仅是为了用单品服饰能够搭配和设计出更多的造型，最主要的是从根本上提升个人的审美和品味。

（5）作为现代社会人士，每天穿着整洁和得体的服饰，是对自己和他人的尊重。穿着得体不在于服饰的贵重与否，而在于一种态度。尽可能做到两天就换装，至少也应该换其他的单品和饰品。

（6）选择服装应该是选择质地舒适、有品质的材质，这样的服装不仅能够更好地表现裁剪艺术，更能穿着长久，性价比高。

（7）无论是在细节的处理上还是在色彩搭配上，既能保持效果整体统一，又能追求粗中有细、素中有艳的对比效果，这是服饰搭配的点睛之处。

（8）公共场合佩戴饰品，应该选择适合整体造型的，而且切勿"多"。全身上下的首饰最多不能超过三个，否则会给人一种暴发户的感觉。

（9）每年的不同季节，因为时装周等重大流行风向标的指向，都会发布各种流行趋势信息，倘若一味地跟风和盲目地追求时髦，那只会让你成为流行的奴隶和时尚的展览员。所以要擅用流行，而不是盲目模仿。

（10）要重视配饰在整体造型中的作用。造型并不是孤立存在的，它应该是由人、衣、妆、饰等共同构成的。所以重视配饰，等于为造型加分。

要明确建立属于自己的审美品味和适合自己的色彩搭配，千万不要让自己的衣橱变成五颜六色的调色盘。尽量选择黑、白、灰、米等基础色调作为日常着装的主色调，但是并不是一味地以无彩色贯穿始终，应该再准备些色彩艳丽的饰品进行搭配。而且这种大整体、小对比的色调还会带来活泼生动的气息，为你的造型加分。一套精心设计的色彩搭配不仅能提升整体造型的品质，更重要的是可以确定某种造型的定位与风格，并且是一种展示个性的方式。合理运用所学知识，根据色彩规律对服饰的色彩进行搭配。

（1）全身色彩要有明确的基调。将主色调的面积加大，成为整体色彩当中的主体色调，再用其他颜色进行对比和调和。

（2）全身服装色彩要深浅搭配，并要有介于两者之间的中间色。

（3）主体色调原则上不能超过两种。如穿花裙子时，背包与鞋的色彩，最好在裙子的颜色中选择，如果增加异色，会有凌乱的感觉。

（4）服装上的点缀色应当鲜明、醒目、少而精，起到画龙点睛的作用，一般用于各种胸花、发夹、纱巾、徽章及附件上。

（5）上衣和裙、裤的配色示例：淡琥珀—暗紫；淡红—浅紫；暗橙—靛青；灰黄—淡灰青；淡红—深青；暗绿—棕；中灰—润红；橄榄绿—褐；黄绿—润红；琥珀黄—紫；暗黄绿—绀青；灰黄—暗绿；浅灰—暗红；咖啡—绿；灰黄绿—黛赭。

（6）万能搭配色：黑、白、金、银与任何色彩都能搭配。配白色，增加明快感；配黑色，平添稳重感；配金色，具有华丽感；配银色，则产生和谐感。

每个人的身材都各有不同，针对不同体型，也应该设计出适合不同体型的造型搭配。

（1）体型偏胖。体型胖的人忌讳穿着大花纹、粗线条、横向条纹的服装，而且忌讳非常亮眼的颜色，因为这一类颜色会因为视觉扩张的原因，让人看起来更胖更大。相应的，如果想要在视觉上看起来瘦的话，就可以选择一些深色、冷色的、竖条纹的、冷色小图案、小花纹的服装。而且在上下身色彩的选择上，要注意尽量不要上半身是深色，下半身是浅色，因为这样的色彩搭配会给人一种头重脚轻的感觉，极不稳定。夏天，尽量不选择暖色的裤子，因为会感觉臃肿和厚重；冬天尽量选择深色暖色调，而不选择浅色冷色调，因为会感觉更冷。身材胖的人忌讳穿着线条烦琐、装饰太多的衣服，一定要学会做减法，将自己的线条简化到最简洁明了。衣服材质的厚度要适中，过薄的面料会特别容易暴露胖人的身材，而过于厚重的面料则会使胖人显得更圆更胖。

（2）体型过瘦。如果太瘦就应该尽可能的加强视觉的扩张，大花、艳丽、圈圈图案、大方格等都是最好的选择。在色彩的选择上也尽可能以暖色为主，红色、橙色、红紫色等都是让体型看起来丰满、饱满的最佳选择。相应的，深色、冷色也就不适合身材很瘦的人了。

（3）体型偏矮。如果穿着太深沉的色调或者是沉闷图案的服装反而让个头较矮的人显得更矮小，因为深色、冷色会造成视觉上收缩的效果。但是也不能穿着图案特别夸张、艳丽的服装，最好是选择清淡、素雅、图案线条流畅的服装。在颜色的选择上要尽量选择饱和度、明度都适宜的颜色，太黑或者太艳丽都不太合适。另外还应该减弱反差与对比，太过强烈的对比色差反而让身材矮小的人撑不起来。最后，在鞋子和帽子的选择上，也尽量不要选择颜色太艳丽、反光面料的材质。更确切地说，身材矮小的人最好不选择佩戴帽子。

（4）体型太大。体型大其实就是整个人都要大一码，甚至几个码，这种体型最不适宜颜色艳丽夺目的着装，款式也绝不能选择配饰、装饰太多，因为这些都会使造型看着更扩张和烦琐、臃肿。最好是选择剪裁立体，有修身效果的服饰，搭配简洁明了最好。

（5）胸部过小。如果胸部过小，就尽量不穿着紧身上衣，可以选择质地稍微轻柔、宽松、飘逸的上衣。颜色也多以暖色浅色为主，能达到膨胀的视觉效果。也可以选择带有一些可爱、轻松的图案的上衣，来转移视点，在整体造型上用心点缀。

（6）胸部过大。选择稍微宽松和简单的上衣款式，颜色应该以素色、深色为主，而且上衣剪裁一定是要简单大方的，胸部不能有褶皱、蕾丝、吊坠等烦琐的配饰。

（7）水桶腰。如果腰身不够婀娜，又是水桶腰，那么在选择衣服时，应该尽量削弱腰部的线条，最好是选择一些直筒裙，或者外面加一件过腰的外套，以此来掩盖腰部不够完美的线条。在选择上半身衣服的时候，要避免大花和颜色特别夸张的服装，因为这样的选择会将视线停留在上半身，反而会凸显缺点。

（8）肩膀宽厚。肩膀宽有时候会削弱女性柔美的气息，反而会让女性看起来很壮。那么就需要选择质地柔软飘逸的面料来软化线条，尽量选择上身简单、合体的上衣，然后将花纹和彩色放在下半身，将人们的视线转移到下半身。而且肩膀宽的人不适合泡泡袖、蕾丝装、大印花上衣，这些选择会让人看起来更大，反而突出了倒三角的体型。

每个人都希望自己被社会接纳和认可，而且从内心来说，总是希望自己被别人关注和肯定，而服装搭配是提升你气质最主要的加分条件之一。给大家一个建议，服装搭配要理性，不要盲目赶时髦，我们知道往往最时髦的东西生命力并不长，也就是流行的时间很短暂，这也就缺少了价值感。还有就是要做自己，要有自己的个性。世间没有两片完全相同的叶子，我们都是不同的个体，来自不同的家庭、环境，有不一样的脾气个性、不同的长相和身材，喜好更不一样，那么气质也肯定不同。我们应该更了解自己，让服饰成为我们个性的翅膀，淋漓尽致展示我们自己的风采。坚持服装服饰修饰的原则，合理运用服饰搭配的技巧，掩盖我们的缺点，充分展示我们的优点。